雙VAI自駕車

Vision×Voice 影像辨識聲控

Contents

辨影。聽聲
VISION × VOICE

這些都是車子

了解

自駕車,顧名思義,就是『會自動駕駛的車子』,不用人為控制、自己判斷行走的方向。現今已經有很多車子運用了自駕車的技術,例如**車道維持(使車子維持在道路中間)、自動煞車(快撞到障礙物時自動煞車)**...等,但都比較偏向輔助人類開車,等到哪天技術更加成熟時,就可能完全取代人類。

1-1　AI 簡介

人工智慧 (Artificial Intelligence, AI) 是現在非常火熱的技術,**影像辨識、語音辨識**都因為加入了 AI 而得到大幅度的進步。那 AI 到底是什麼?厲害在哪裡呢?

AI 並不是近幾年才橫空出世,而是不斷進步才有了現在的樣子。早期的 AI 只會根據工程師所定下的規則執行相對應的動作,所以只要遇到工程師沒想到的問題就沒有辦法正確的解決。

現在的 AI 是使用**機器學習**的方式,只要提供夠多的樣本,再讓它經過反覆的訓練來自己找出解答。這樣的優點在於只要給予足夠的資料和時間,且不需要工程師的介入,它就能完成你要它執行的動作。舉個例子:要讓 AI 認識『車子』,就需要給它大量的車子圖片來學習,學習結束後,此 AI 就能判斷它所看到的物體是否為車子。

1-2　本套件的 AI 自駕車

本套件的 AI 自駕車(後面統一簡稱為**自駕車**)會藉由**手機的鏡頭**查看道路,並讓車子維持在道路中間。

除了辨識道路讓車子跟著道路駕駛,還可以辨識各種圖形與口令,依照**箭頭方向、口令**來改變自駕車的行駛。就讓我們一起先把自駕車組裝起來吧!

2 組裝 AI 自駕車

>>>>

前一章的結尾我們已經看到了 AI 自駕車的成品,而目前大家手中都只是零件,這一章就讓我們來一起組裝 AI 自駕車。

2-1 零件清點

在組裝 AI 自駕車前先來確認一下套件中的所有零件,清點中的過程也可以認識它們來幫助後續的組裝喔!

1 D1 mini 控制板 1 片  控制自駕車的核心	**2** Micro USB 傳輸線 1 條  一端為 USB, 另一端為 Micro USB 的傳輸線, 用來連接電腦和 D1 mini
3 輪胎 2 個 	**4** 馬達 2 個  轉動輪胎的電子零件

5 馬達擴展板 1 片  簡化馬達與 D1 mini 控制板間的接線	**6** 測速模組 2 個  U 型孔一端發射紅外線, 另一端接收紅外線
7 碼盤 2 片 安裝於馬達上並搭配**測速模組**即可量測輪子轉速	**8** 20cm 公對母杜邦線 15 條 杜邦線即可以導電的電線, 經常使用在連接電子元件與控制板。**公**代表有針腳,**母**則代表沒有針腳
9 10cm 公對公杜邦線 10 條  ⚠ 杜邦線的顏色不影響功能。 功能性與**零件 8** 一樣, 差別在於兩端都是公頭及其長度	**10** 麵包板 (顏色隨機出貨, 本例為白色)1 片  麵包板上方有許多的插孔, 插孔下方有相連的金屬夾, 可以讓接線更簡單順利

11 壓克力鏡子 1 片

反射手機前鏡頭所拍攝到的畫面

12 白色橡皮筋 6 條

用來固定手機與**壓克力鏡子**

13 電池盒 (3 號電池) 1 個

提供 AI 自駕車電源

14 萬向輪 1 個

支撐自駕車車體

15 手機夾 1 個

固定手機

16 手機夾底座 1 個

連接自駕車與**手機夾**

17 螺絲組 1 包

M3 螺絲 30mm 4 根、
M3 螺絲 16mm 3 根、
M3 螺絲 10mm 7 根、
M3 螺帽 10 個

18 銅柱 2 根

連接自駕車與**萬向輪**

19 雷切木板 1 片

自駕車主板及零件

20 箭頭卡 2 張

影像辨識時使用的卡片

21 道路圖 2 張

自駕車行走的道路

22 電光膠帶 (絕緣膠帶) 1 個

連接 2 張道路圖

下方 QR-Code 的影片可以讓你更了解套件中的零件，也可以再次確認零件是否有缺：

https://www.flag.com.tw/Video/FM627A/01

2-2　車體組裝

本書的操作步驟會以『影片』為主，包含**組裝**、**App 程式設計**和**測試程式**…等。組裝過程請掃描下方 QR-Code：

https://www.flag.com.tw/Video/FM627A/02

2-3　組裝測試

組裝完車體後，掃描下方 QR-Code 確認接線是否正確，並調整鏡子位置：

https://www.flag.com.tw/Video/FM627A/03

MEMO

辨影。聽聲
VISION·VOICE

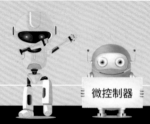

微控制器

前一章組裝完的車子已經能夠根據道路開始自駕。如果你想更了解車子是如何移動的, 就讓我們一起來了解自駕車的中樞-微控制器。

3-1　D1 mini 控制板簡介

D1 mini 是一片單晶片開發板, 你可以將它想成是一部小電腦, 可以執行透過程式描述的運作流程, 並且可藉由兩側的輸出入腳位控制外部的電子元件, 或是從外部電子元件獲取資訊。

另外 D1 mini 還具備 Wi-Fi 連網的能力, 可以將電子元件的資訊傳送出去, 也可以透過網路從遠端控制 D1 mini。

有別於一般控制板開發時必須使用比較複雜的 C/C++ 程式語言, D1 mini 可透過易學易用的 Python 來開發, Python 是目前當紅的程式語言, 後面就讓我們來認識 Python。

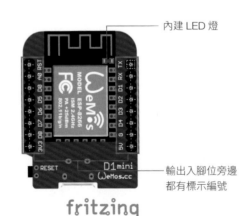

內建 LED 燈

輸出入腳位旁邊都有標示編號

fritzing

3-2　安裝 Python開發環境

在開始學 Python 控制硬體之前, 當然要先安裝好 Python 開發環境。別擔心! 安裝程序一點都不麻煩, 甚至不用花腦筋, 只要用滑鼠一直點下一步, 不到五分鐘就可以安裝好了!

下載與安裝 Thonny

Thonny 是一個適合初學者的 Python 開發環境, 請連線 https://thonny.org 下載這個軟體:

1 連線 https://thonny.org

2 按此連結下載

⚠ 使用 Mac/Linux 系統的讀者請點選相對應的下載連結。

下載後請雙按執行該檔案, 然後依照下面步驟即可完成安裝:

Setup - Thonny
Welcome to using Thonny!
This wizard will install Thonny 3.0.8 for your account.
If you want to install Thonny for all users, cancel the installer and run it as administrator (right-click the installer executable and select "Run as administrator").
1 按此鈕
Next >
Cancel

Setup - Thonny
License Agreement
Please read the following important information before continuing.
Please read the following License Agreement. You must accept the terms of this agreement before continuing with the installation.
The MIT License (MIT)
Software without restriction, including without limitation the rights to use, copy, modify, merge, publish, distribute, sublicense, and/or sell copies of the Software,
I accept the agreement
I do not accept the agreement
2 按此鈕
< Back
Next >
Cancel

Setup - Thonny
Select Destination Location
Where should Thonny be installed?
Setup will install Thonny into the following folder.
To continue, click Next. If you would like to select a different folder, click Browse.
C:\Users\cyb\AppData\Local\Programs\Thonny
Browse...
At least 77.2 MB of free disk space is required.
3 按此鈕
< Back
Next >
Cancel

Setup - Thonny
Select Additional Tasks
Which additional tasks should be performed?
Select the additional tasks you would like Setup to perform while installing Thonny, then click Next.
Create desktop icon
< Back
Next >
Cancel
4 勾選這個項目在桌面建立捷徑
5 按此鈕

Setup - Thonny
Ready to Install
Setup is now ready to begin installing Thonny on your computer.
Click Install to continue with the installation, or click Back if you want to review or change any settings.
Destination location:
C:\Users\cyb\AppData\Local\Programs\Thonny
< Back
Install
Cancel
6 按此鈕開始安裝

Setup - Thonny
看到這個畫面
表示安裝完畢了
Great success!
Thonny is now installed. Run it via shortcut or right-click a *.py file and select "Edit with Thonny".
Computers are useless. They can only give you answers.
– Pablo Picasso
Finish
7 按此鈕結束安裝程序

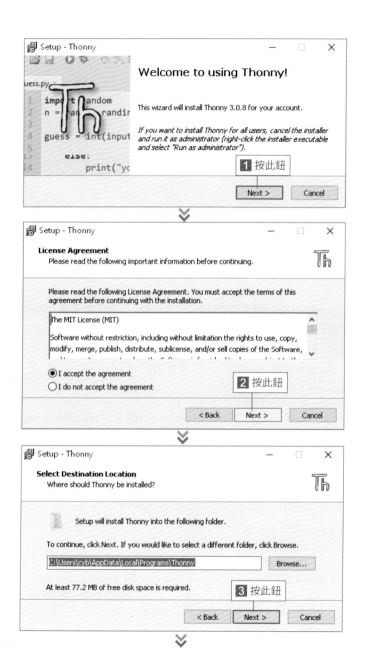

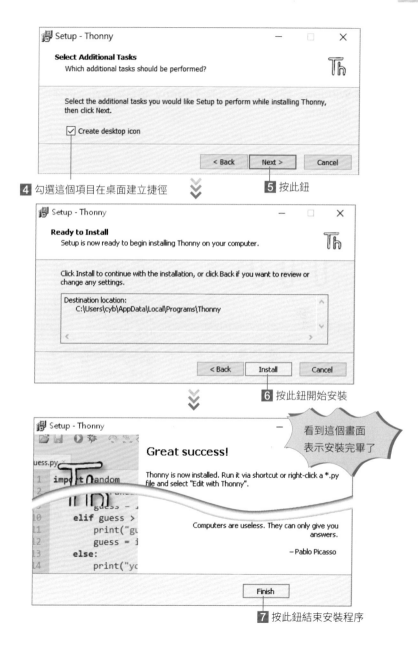

開始寫第一行程式

完成 Thonny 的安裝後，就可以開始寫程式啦！

請按 Windows 開始功能表中的 **Thonny** 項目或桌面上的捷徑，開啟 Thonny 開發環境：

選擇繁體中文 -TW

按下 **Let's go**

互動性程式執行區　　　　　程式編輯區

Thonny 的上方是我們撰寫編輯程式的區域，下方**互動環境 (Shell)** 窗格則是互動性程式執行區，兩者的差別將於稍後說明。請如下在 **Shell** 窗格寫下我們的第一行程式

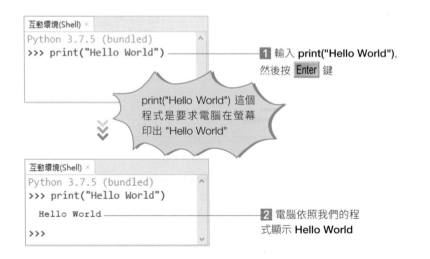

1 輸入 print("Hello World")，然後按 Enter 鍵

print("Hello World") 這個程式是要求電腦在螢幕印出 "Hello World"

2 電腦依照我們的程式顯示 **Hello World**

寫程式其實就像是寫劇本，寫劇本是用來要求演員如何表演，而寫程式則是用來控制電腦如何動作。

> 喂！電腦～唱一首歌！

> 我 ... 我 ... 我不知道怎麼唱

雖然說寫程式可以控制電腦，但是這個控制卻不像是人與人之間溝通那樣，只要簡單一個指令，對方就知道如何執行。您可以將電腦想像成一個動作超快，但是什麼都不懂的小朋友，當您想要電腦小朋友完成某件事情，例如唱一首歌，您需要告訴他這首歌每一個音是什麼、拍子多長才行。

所以寫程式的時候，我們需要將每一個步驟都寫下來，這樣電腦才能依照這個程式來完成您想要做的事情。

我們會在後面章節中，一步一步的教您如何寫好程式，做電腦的主人來控制電腦。

Python 程式語言

前面提到寫程式就像是寫劇本，現實生活中可以用英文、中文 ... 等不同的語言來寫劇本，在電腦的世界裡寫程式也有不同的程式語言，每一種程式語言的語法與特性都不相同，各有其優缺點。

本套件採用的程式語言是 Python, Python 是由荷蘭程式設計師 Guido van Rossum 於 1989 年所創建，由於他是英國電視短劇 Monty Python's Flying Circus (蒙提‧派森的飛行馬戲團) 的愛好者，因此選中 **Python** (大蟒蛇) 做為新語言的名稱，而在 Python 的官網 (www.python.org) 中也是以蟒蛇圖案做為標誌：

Python—的蟒蛇標誌

Python 是一個易學易用而且功能強大的程式語言，其語法簡潔而且口語化 (近似英文寫作的方式)，因此非常容易撰寫及閱讀。更具體來說，就是 Python 通常可以用較少的程式碼來完成較多的工作，並且清楚易懂，相當適合初學者入門，所以本書將會帶領您使用 Python 來控制硬體。

Thonny 開發環境基本操作

前面我們已經在 Thonny 開發環境中寫下第一行 Python 程式，本節將為您介紹 Thonny 開發環境的基本操作方式。

Thonny 上半部的程式編輯區是我們撰寫程式的地方：

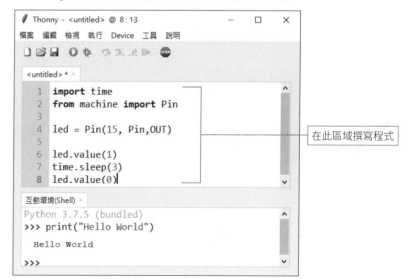

在此區域撰寫程式

可以說，上半部程式編輯區類似稿紙，讓我們將想要電腦做的指令全部寫下來，寫完後交給電腦執行，一次做完所有指令。

而下半部 **Shell** 窗格則是一個交談的介面，我們寫下一行指令後，電腦就會立刻執行這個指令，類似老師下一個口令學生做一個動作一樣。

所以 **Shell** 窗格適合用來作為程式測試，我們只要輸入一句程式，就可以立刻看到電腦執行結果是否正確。

⚠ 本書後面章節若看到程式前面有 >>>，便表示是在 **Shell** 窗格內執行與測試。

若您覺得 Thonny 開發環境的文字過小，請如下修改相關設定：

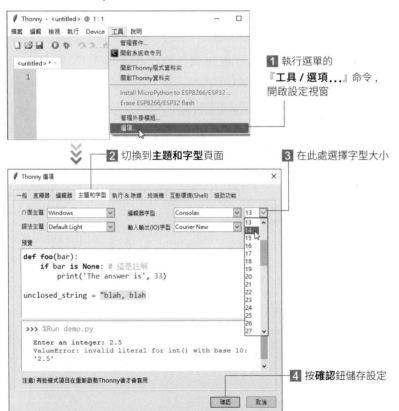

1 執行選單的『**工具 / 選項...**』命令，開啟設定視窗

2 切換到**主題和字型**頁面

3 在此處選擇字型大小

4 按**確認**鈕儲存設定

如果覺得介面上的按鈕太小不好按，可以在設定視窗如下修改：

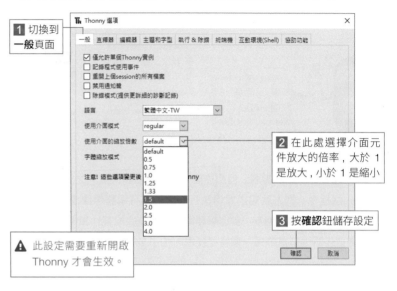

1 切換到**一般**頁面

2 在此處選擇介面元件放大的倍率，大於 1 是放大，小於 1 是縮小

3 按**確認**鈕儲存設定

⚠ 此設定需要重新開啟 Thonny 才會生效。

日後當您撰寫好程式，請如下儲存：

按此鈕或按 **Ctrl** + **S**

若要打開之前儲存的程式或範例程式檔，請如下開啟：

按此鈕或按 **Ctrl** + **O**

⚠ 本套件範例程式下載網址：https://www.flag.com.tw/download.asp?FM627A。

如果要讓電腦執行或停止程式，請依照下面步驟：

若按此鈕則會停止程式

執行目前程式 (F5)

按此鈕或按 **F5** 開始執行程式

3-3 Python 物件、資料型別、變數、匯入模組

物件

前面提到 Python 的語法簡潔且口語化，近似用英文寫作，一般我們寫句子的時候，會以主詞搭配動詞來成句。用 Python 寫程式的時候也是一樣，Python 程式是以『**物件**』(Object) 為主導，而物件會有『**方法**』(method)，這邊的物件就像是句子的主詞，方法類似動詞，請參見下面的比較表格：

寫作文章	寫 Python 程式	說明
車子	car	car 物件
車子向前進	car.go()	car 物件的 go 方法

物件的方法都是用點號 . 來連接，您可以將 . 想成『的』，所以 car.go() 便是 car **的** go() 方法。

方法的後面會加上括號 ()，有些方法可能會需要額外的資訊參數，假設車子向前進需要指定速度，此時速度會放在方法的括號內，例如 car.go(100)，這種額外資訊就稱為『**參數**』。若有多個參數，參數間以英文逗號 "," 來分隔。

請在 Thonny 的 **Shell** 窗格，輸入以下程式練習使用物件的方法：

使用字串物件 'abc' 的 upper() 方法，將字串轉成大寫

find() 方法尋找 'b' 出現的位置 (從 0 起算)

⚠ 在大多數程式語言中都會從 0 開始計算一串資料的順序，此例中 'c' 的位置就是 **2**，以此類推。

replace() 方法將所有 'b' 取代為 'z'

⚠ 不同的物件會有不同的方法，本書稍後介紹各種物件時，會說明該物件可以使用的方法。

資料型別

上面我們使用了字串物件來練習方法，Python 中只要用成對的 " 或 ' 引號括起來的就會自動成為字串物件，例如 "abc"、'abc'。

除了字串物件以外，我們寫程式常用的還有整數與浮點數 (小數) 物件，例如 111 與 11.1。所以數字如果沒有用引號括起來，便會自動成為整數與浮點數物件，若是有括起來，則是字串物件：

```
>>> 111 + 111        ← 整數相加
222
```

```
>>> '111' + '111'    ← 字串串接
'111111'
```

我們可以看到雖然都是 111，但是整數與字串物件用 + 號相加的動作會不一樣，這是因為其資料的種類不相同。這些資料的種類，在程式語言中我們稱之為『**資料型別**』(Data Type)。

寫程式的時候務必要分清楚資料型別，兩個資料若型別不同，便可能會導致程式無法運作：

```
>>> 111 + '111'    ◀——— 不同型別的資料相加發生錯誤
  Traceback (most recent call last):
    File "<pyshell>", line 1, in <module>
  TypeError: unsupported operand type(s) for +: 'int' and 'str'
```

對於整數與浮點數物件，除了最常用的加 (+)、減 (-)、乘 (*)、除 (/) 之外，還有求除法的餘數 (%)、及次方 (**)：

```
>>> 5 % 2
1
>>> 5 ** 2
25
```

變數

在 Python 中，**變數**就像是掛在物件上面的名牌，幫物件取名之後，即可方便我們識別物件，其語法為：

```
變數名稱 = 物件
```

例如：

```
>>> n1 = 123456789 ◀——— 將整數物件 123456789 取名為 n1
>>> n2 = 987654321 ◀——— 將整數物件 987654321 取名為 n2
>>> n1 + n2        ◀——— n1 + n2 實際上便是 123456789 + 987654321
1111111110
```

變數命名時只用**英**、**數字**及**底線**來命名，而且第一個字不能是數字。

⚠ 其實在 Python 語言中可以使用中文來命名變數，但會導致看不懂中文的人也看不懂程式碼，故約定成俗地不使用中文命名變數。

內建函式

函式 (function) 是一段預先寫好的程式，可以方便重複使用，而程式語言裡面會預先將經常需要的功能以函式的形式先寫好，這些便稱為**內建函式**，您可以將其視為程式語言預先幫我們做好的常用功能。

前面第一章用到的 print() 就是內建函式，其用途就是將物件或是某段程式執行結果顯示到螢幕上：

```
>>> print('abc')    ◀——— 顯示物件
  abc

>>> print('abc'.upper())    ◀——— 顯示物件方法的執行結果
  ABC

>>> print(111 + 111)    ◀——— 顯示物件運算的結果
  222
```

⚠ 在 **Shell** 窗格的交談介面中，單一指令的執行結果會自動顯示在螢幕上，但未來我們執行完整程式時就不會自動顯示執行結果了，這時候就需要 print() 來輸出結果。

匯入模組

既然內建函式是程式語言預先幫我們做好的功能，那豈不是越多越好？理論上內建函式越多，我們寫程式自然會越輕鬆，但實際上若內建函式無限制的增加後，就會造成程式語言越來越肥大，導致啟動速度越來越慢，執行時佔用的記憶體越來越多。

為了取其便利去其缺陷，Python 特別設計了**模組** (module) 的架構，將同一類的函式打包成模組，預設不會啟用這些模組，只有當需要的時候，再用**匯入 (import)** 的方式來啟用。

模組匯入的語法有兩種，請參考以下範例練習：

```
>>> import time    ◀——— 匯入時間相關的 time 模組
>>> time.sleep(3)◀——— 執行 time 模組的 sleep() 函式，暫停 3 秒

>>> from time import sleep ◀——— 從 time 模組裡面匯入 sleep() 函式
>>> sleep(5)    ◀——— 執行 sleep() 函式，暫停 5 秒
```

上述兩種匯入方式會造成執行 sleep() 函式的書寫方式不同,請您注意其中的差異。

3-4 安裝與設定 D1 mini

學了好多 Python 的基本語法,終於到了學以致用的時間了,我們準備用這些 Python 來玩些簡單的實驗囉!

剛剛我們練習寫的 Python 程式都是在個人電腦上面執行,因為個人電腦缺少對外連接的腳位,無法用來控制創客常用的電子元件,所以我們將改用 D1 mini 這個小電腦來執行 Python 程式。

下載與安裝驅動程式

為了讓 Thonny 可以連線 D1 mini,以便上傳並執行我們寫的 Python 程式,請先連線 http://www.wch.cn/downloads/CH341SER_EXE.html,下載 D1 mini 的驅動程式:

1 連線 http://www.wch.cn/downloads/CH341SER_EXE.html

2 按此鈕下載

若您使用 Mac 或是 Linux 系統的話,請依照您的系統點這兩個連結

下載後請雙按執行該檔案,然後依照下面步驟即可完成安裝:

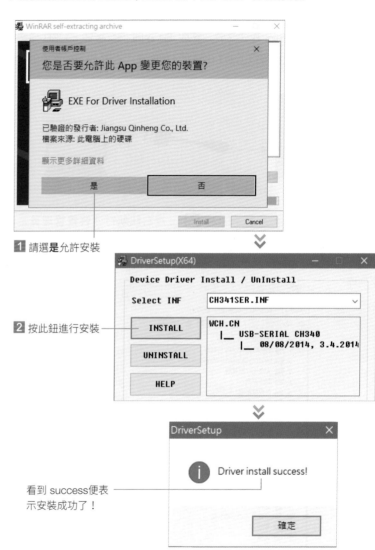

1 請選**是**允許安裝

2 按此鈕進行安裝

看到 success便表示安裝成功了!

⚠ 若無法安裝成功,請參考下一頁,先將 D1 mini 開發板插上 USB 線連接電腦,然後再重新安裝一次。

連接 D1 mini

由於在開發 D1 mini 程式之前，要將 D1 mini 開發板插上 USB 連接線，所以請先將 USB 連接線接上 D1 mini 的 USB 孔，USB 線另一端接上電腦：

接著在電腦左下角的開始圖示 ⊞ 上按右鈕執行『**裝置管理員**』命令 (Windows 10 系統)，或執行『**開始 / 控制台 / 系統及安全性 / 系統 / 裝置管理員**』命令 (Windows 7 系統)，來開啟裝置管理員，尋找 D1 mini 板使用的序列埠：

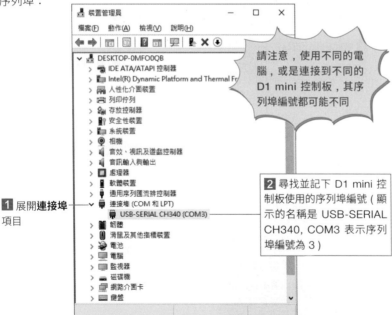

1 展開**連接埠**項目

請注意，使用不同的電腦，或是連接到不同的 D1 mini 控制板，其序列埠編號都可能不同

2 尋找並記下 D1 mini 控制板使用的序列埠編號 (顯示的名稱是 USB-SERIAL CH340, COM3 表示序列埠編號為 3)

找到 D1 mini 使用的序列埠後，請如下設定 Thonny 連線 D1 mini：

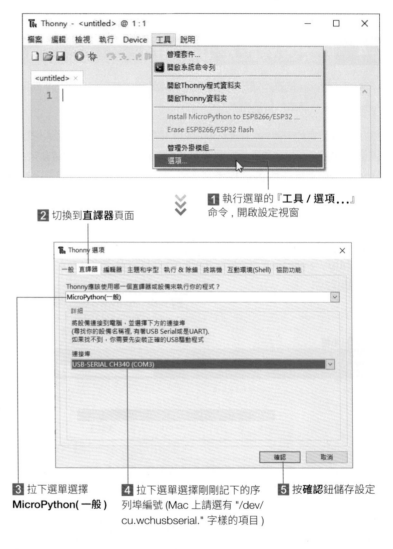

2 切換到**直譯器**頁面

1 執行選單的『**工具 / 選項...**』命令，開啟設定視窗

3 拉下選單選擇 **MicroPython(一般)**

4 拉下選單選擇剛剛記下的序列埠編號 (Mac 上請選有 "/dev/cu.wchusbserial." 字樣的項目)

5 按**確認**鈕儲存設定

⚠ 如果 Thonny 選單中沒有看到**直譯器**，可以參考以下連結：https://hackmd.io/@flagtech/B1QiSl99w

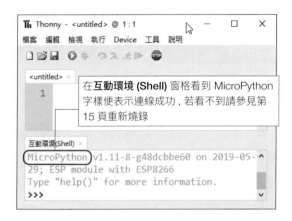

在**互動環境 (Shell)** 窗格看到 MicroPython 字樣便表示連線成功，若看不到請參見第 15 頁重新燒錄

⚠ MicroPython 是特別設計的精簡版 Python，以便在 D1 mini 這樣記憶體較少的小電腦上面執行。

3-5　D1 mini 的 IO 腳位以及數位訊號輸出

在電子的世界中，訊號只分為高電位跟低電位兩個值，這個稱之為**數位訊號**。在 D1 mini 兩側的腳位中，標示為 D0～D8 的 9 個腳位，可以用程式來控制這些腳位是高電位還是低電位，所以這些腳位被稱為**數位 IO (Input/Output) 腳位**。

本章會先說明如何控制這些腳位進行數位訊號輸出。

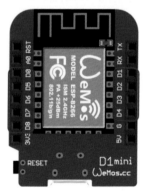

在程式中我們會以 1 代表高電位，0 代表低電位，所以等一下寫程式時，若設定腳位的值是 1，便表示要讓腳位變高電位，若設定值為 0 則表示低電位。

D1 mini 兩側數位 IO 腳位內側的標示是 D0～D8，但是實際上在 D1 mini 晶片內部，這些腳位的真正編號並不是 0～8，其腳位編號請參見右圖紅色圈圈內的數字：

所以當我們寫程式時，必須用上面的真正編號來指定腳位，才能正確控制這些腳位。

Lab 01

❯ 點亮/熄滅 LED

◀ **實驗目的** ▶

用 Python 程式控制 D1 mini 腳位，藉此點亮或熄滅該腳位連接的 LED 燈。

◀ **設計原理** ▶

當 LED 長腳接上高電位，短腳接低電位，產生高低電位差讓電流流過即可發光。為了方便使用者，D1 mini 板上已經內建一個藍色 LED 燈，這個 LED 的短腳連接上 D1 mini 的腳位 D4(編號 2 號)，LED 長腳則連接到高電位處，所以我們在程式中將 D1 mini 的 2 號腳位設為低電位，即可點亮這個內建的 LED 燈。為了在 Python 程式中控制 D1 mini 的腳位，我們必須先從 machine 模組匯入 Pin 物件：

```
>>> from machine import Pin
```

前面提到內建 LED 短腳連接的是 D4 腳位，這個腳位在晶片內部的編號是 2 號，所以我們可以如下建立 2 號腳位的 Pin 物件：

```
>>> led = Pin(2,Pin.OUT)
```

上面我們建立了 2 號腳位的 Pin 物件，並且將其命名為 led，因為建立物件時第 2 個參數使用了 **"Pin.OUT"**，所以 2 號腳位就會被設定為輸出腳位。

然後即可使用 value() 方法來指定腳位電位高低：

```
>>> led.value(1)   ← 高電位
>>> led.value(0)   ← 低電位
```

程式設計

```
01: # 從 machine 模組匯入 Pin 物件
02: from machine import Pin
03: # 匯入時間相關的 time 模組
04: import time
05:
06: # 建立 2 號腳位的 Pin 物件，設定為輸出腳位，並命名為 led
07: led = Pin(2, Pin.OUT)
08:
09: led.value(0)     # 設定為低電位，點亮 LED
10: time.sleep(3)    # 暫停 3 秒
11: led.value(1)     # 設定為高電位，熄滅 LED
```

測試程式

請讀者掃描**測試程式**的 QR-Code 查看實做影片，並跟著操作。

https://www.flag.com.tw/
Video/FM627A/04

3-6　Python 流程控制 (while 迴圈) 與區塊縮排

上一個實驗我們用程式點亮 LED 3 秒後熄滅，如果我們想要做出一直閃爍的效果，該不會要寫個好幾萬行控制高低電位的程式吧？！

當然不是！如果需要重複執行某項工作，可利用 Python 的 while 迴圈來依照條件重複執行。其語法如下：

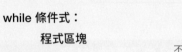

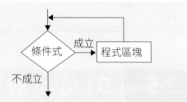

while 條件式：
　　程式區塊

while 會先對條件式做判斷，如果條件成立，就執行接下來的程式區塊，然後再回到 while 做判斷，如此一直循環到條件式不成立時，則結束迴圈。

只要手沒斷 (條件式) 就一直重複 (while 迴圈) 做伏地挺身 (程式區塊)！

嗚～我要打家暴專線…

通常我們寫程式控制硬體時，大多數的狀況下都會希望程式永遠重複執行，此時條件式就可以用 **True** 這個關鍵字來代替，True 在 Python 中代表『成立』的意義。

⚠ 關鍵字是 Python 保留下來有特殊意義的字。

例如我們要做出內建 LED 一直閃爍的效果，便可以使用以下程式碼：

```
while True:          # 一直重複執行
    led.value(0)     # 點亮 LED
    time.sleep(0.5)  # 暫停 0.5 秒
    led.value(1)     # 熄滅 LED
    time.sleep(0.5)  # 暫停 0.5 秒
```

請注意！如上所示，屬於 while 的程式區塊要『以 4 個空格向右縮排』，表示它們是屬於上一行 (while) 的區塊，而其他非屬 while 區塊內的程式『不可縮排』，否則會被誤認為是區塊內的敘述。

其實 Python 允許我們用任意數量的空格或定位字元 (Tab) 來縮排，只要同一區塊中的縮排都一樣就好。不過建議使用 4 個空格，這也是官方建議的用法。

區塊縮排是 Python 的特色，可以讓 Python 程式碼更加簡潔易讀。其他的程式語言大多是用括號或是關鍵字來決定區塊，可能會有人寫出以下程式碼：

沒有縮排全都擠在一起的程式碼

就像寫作文規定段落另起一行並空格一樣，在區塊縮排強制性規範之下，Python 程式碼便能維持一定基本的易讀性。

Lab 02

▶ 閃爍 LED

實驗目的

用 Python 的 while 迴圈重複執行 LED 的控制程式，使其每 0.5 秒閃爍一次。

程式設計

```
01: # 從 machine 模組匯入 Pin 物件
02: from machine import Pin
03: # 匯入時間相關的time模組
04: import time
05:
06: # 建立 2 號腳位的 Pin 物件，設定為輸出腳位，命名為 led
07: led = Pin(2, Pin.OUT)
08:
09: while True:          # 一值重複執行
10:     led.value(0)     # 點亮 LED
11:     time.sleep(0.5)  # 暫停 0.5 秒
12:     led.value(1)     # 熄滅 LED
13:     time.sleep(0.5)  # 暫停 0.5 秒
```

測試程式

https://www.flag.com.tw/Video/FM627A/05

請讀者掃描**測試程式**的 QR-Code 查看實做影片，並跟著操作。

⚠ 從這個實驗開始，請將所有程式都存成 main.py (可參考 LAB01 影片的前半段)，儲存成功後，按下 D1 mini 上的 reset 鍵，程式就會自動執行。

安裝 MicroPython 到 D1 mini 控制板

如果你從市面上購買新的 D1 mini 控制板，預設並不會幫您安裝 MicroPython 環境到控制板上，請依照以下步驟安裝：

❶ 請依照第 3-4 節下載安裝 D1 mini 控制板驅動程式，並檢查連接埠編號。

❷ 請至 https://micropython.org/resources/firmware/esp8266-20191220-v1.12.bin 下載 MicroPython 韌體。

❸ Thonny 功能表點選 **工具 / 選項 / 直釋器**，選擇 **MicroPython (ESP8266)** 選項，**連接埠** 選擇 **裝置管理員** 中顯示的埠號，筆者的是 **COM3**，之後按下 **開啟對話框，安裝或升級設備 ...** 按鈕。

❹ 選擇 Port 以及方才下載的 MicroPython 韌體的路徑後按下 **Install**，燒錄完畢按下確認。

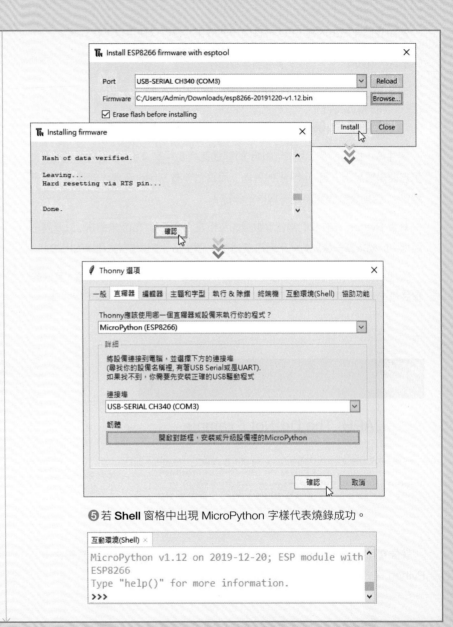

❺ 若 **Shell** 窗格中出現 MicroPython 字樣代表燒錄成功。

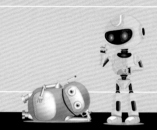

4 車體控制

>>>>

4-1　車體動作的基本原理

馬達原理

馬達是利用電流產生的磁場來帶動機械轉動，而電流方向會決定磁場的正負極，所以只要改變電流方向，就可以控制馬達的轉動方向：

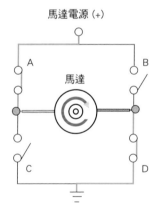
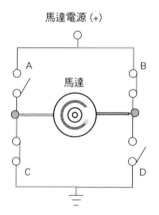

以上 H 型的電路類似一座橋，因此稱為 **H 橋式電路**，是用來控制馬達的標準電路。我們可以看到，為了控制馬達的轉動方向，除了電源線之外，還必須使用多達 4 個電源開關來控制馬達。所以為了簡化控制，一般會使用廠商設計好的馬達驅動板來簡化程式。

⚠️ 關於 H 橋式電路的詳細原理，因為牽涉到比較複雜的電子電路原理，本書不詳細說明，有興趣的讀者請自行參閱電子電路相關書籍。

馬達驅動板採用與 D1 mini 相容的 Shield 設計，讓使用者可以直接疊插於控制板上，省去許多接線步驟。

馬達驅動板 ——

馬達驅動板模組

D1 mini 的馬達驅動板有相應的模組，只要將其匯入就可以輕鬆控制馬達：

```
import wemotor          # 匯入馬達模組
```

匯入馬達模組後，使用 **Motor()** 方法建立馬達物件：

```
motor = wemotor.Motor()   # 建立馬達物件
```

接下來就可以使用 **move()** 方法控制馬達：

```
motor.move(左馬達速度, 右馬達速度)
```

馬達速度的範圍為 -100~100(可填入小數)，**正值**代表前進 (正轉)；**負值**代表後退 (反轉)。

上傳模組

本套件的 D1 mini 在出廠時已經上傳好需要的模組，所以可以直接將模組匯入 (例：wemotor)，但如果您執行前一章**安裝 MicroPython 到 D1 mini 控制板**步驟，新安裝好的環境就需要自己上傳模組：

1 按功能表的**檢視 / 檔案**

2 切換到**雙 V AI 自駕車 / 模組**資料夾

3 在 **wemotor.py** 上按右鍵

wemotor.py 已上傳到 MicroPython 設備中

4 按上傳到 /

Lab 03

❯ 控制車輪

實驗目的

用馬達驅動板的模組控制馬達前進和後退。

設計原理

使用馬達模組 **wemotor** 的 move() 方法控制左右馬達同時正轉來前進或是同時反轉來後退：

```
motor.move(40, 40)     # 前進
```

```
motor.move(-40, -40)   # 後退
```

如果要停下來時，只需要讓左右馬達的速度歸 0 即可：

```
motor.move(0, 0)       # 停止
```

程式設計

測試程式

https://www.flag.com.tw/Video/FM627A/06

```
# 匯入馬達模組
01: import wemotor
02: import time
03:
04: # 建立馬達物件
05: motor= wemotor.Motor()
06:
07: motor.move(40, 40)      # 前進
08: time.sleep(1)           # 暫停 1 秒
09: motor.move(-40, -40)    # 後退
10: time.sleep(1)           # 暫停 1 秒
11: motor.move(0, 0)        # 停止
```

請讀者掃描**測試程式**的 QR-Code 查看實做影片，並跟著操作。

從本實驗開始，必須將程式儲存到控制板上才能正常運作，請先依照以下步驟儲存後，再參考影片測試：

1 寫好程式或是開啟範例檔案後，執行『**檔案 / 另存新檔**』。

2 選 **MicroPython 設備**後設定檔案名稱為 main.py 後按**確認**存檔。

Lab 04

▶ 控制車子轉向

實驗目的

藉由前後輪速差來設定車子行進方向。

設計原理

既然我們可以控制左右輪的速度，那就可以藉由兩輪的速差控制方向，當左輪比右輪慢，車子就會左轉；反之右轉：

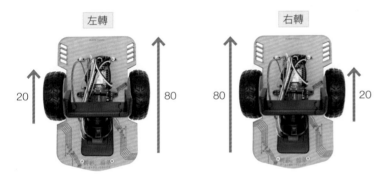

左轉	右轉
20　　80	80　　20

程式設計

```
01: import wemotor
02: import time
03:
04: motor = wemotor.Motor()
05:
06: motor.move(20, 80)   # 左轉
07: time.sleep(1)
08: motor.move(80, 20)   # 右轉
09: time.sleep(1)
10: motor.move(0, 0)     # 停止
```

測試程式

https://www.flag.com.tw/
Video/FM627A/07

請讀者掃描**測試程式**的
QR-Code 查看實做影
片，並跟著操作。

4-2　馬達測速模組和碼盤

前面實驗中可能會發現，move() 方法的左右輪數值就算一樣，車子實際跑起來的速度也不一定一樣，這是因為每顆馬達本身都會存在些微的差異，所以一樣的數值也可能會有不等速的情況。

為了解決此情況，需要加上**馬達測速模組和碼盤**。**馬達測速模組**有 3 個腳位：VCC、GND 和 OUT, 並有個 U 型結構，一邊發射紅外線，另一邊則是接收紅外線：

接收端　　　　　發射端

OUT
VCC　　　　GND

只要有供電給馬達測速模組，紅外線就會不間斷發射，如果另一端有接收到紅外線，OUT 腳位就會輸出**高電位**；反之，沒接收到紅外線就會輸出**低電位**。那這樣的結構到底要怎麼測速呢？這時就需要使用到碼盤了！

碼盤為上面有很多孔洞的圓盤，中間的孔洞則是連接馬達：

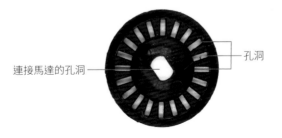

連接馬達的孔洞　　　　　孔洞

將碼盤連接馬達後，放到馬達測速模組的 U 型結構中，只要是轉到孔洞，接收端就可以接收到紅外線，反之無法接收到：

接收到紅外線

沒接收到紅外線

轉速快的馬達比起轉速慢的，單位時間 (例：20 毫秒) 內會經過較多的孔洞，因此可以得知目前馬達的轉速。

Lab 05

▶ 定速系統

實驗目的

藉由 D1 mini 上的 GPIO 腳位取得馬達測速模組的狀態，推算出目前馬達轉速並調整車速。

設計原理

使用 wemotor 模組中的 **constantSpeed()** 方法可以設定馬達狀態變化頻率：

```
motor.constantSpeed(模式，左輪狀態變化頻率，右輪狀態變化頻率)
```

模式有以下 5 種：

模式	解釋	輪胎方向 (左輪 , 右輪)
forward	前進	(正轉 , 正轉)
backward	後退	(反轉 , 反轉)
stop	停止	(停止 , 停止)
left	左轉	(反轉 , 正轉)
right	右轉	(正轉 , 反轉)

輪胎狀態變化頻率的算法為：狀態從**接收到紅外線**切換成**沒接收到紅外線**，或是**沒接收到紅外線**切換成**接收到紅外線**都會讓 " 變化次數加 1"，最後計算單位時間內 (20 毫秒) 變換的次數再除以單位時間即可得到**輪胎狀態變化頻率 (單位：次 / 毫秒)**。例：20 毫秒內變換了 1 次，將 1(次數) 除以 20(單位時間) 即可得到 0.05。

如果輪胎狀態變化頻率大於設定值 (第 2、3 個參數)，馬達轉速就會下降，反之上升。

程式設計

```
01: import wemotor
02: import time
03:
04: motor = wemotor.Motor()
05:
06: while True:
07:     # 等速前進
08:     motor.constantSpeed('forward', 0.05, 0.05)
```

測試程式

接下來請讀者掃描**測試程式**的 QR-Code 查看實做影片，並跟著操作。

https://www.flag.com.tw/
Video/FM627A/08

5 用網頁控制行車方向

>>>>

上一章中，將程式上傳至 D1 mini 後，就只能照程式行進，無法隨意更改車子的行進方向。在這一章，會將手機變為遙控器，使用網頁遠端開車。

5-1 D1 mini 控制板連線 WiFi 網路

D1 mini 本身有連線上網的功能，只要手機和 D1 mini 都連上 WiFi 網路即可讓兩者互傳資料：

fritzing

要使用網路，首先必須匯入 **network 模組**，利用其中的 **WLAN 類別**建立控制無線網路的物件：

```
>>> import network
>>> sta = network.WLAN(network.STA_IF)
```

在建立無線網路物件時，要注意到 D1 mini 有 2 個網路介面：

網路介面	說明
network.STA_IF	工作站 (station) 介面，連上現有的 Wi-Fi 無線網路基地台，以便連上網際網路
network.AP_IF	熱點 (access point) 介面，可以讓 D1 mini 變成無線基地台，建立區域網路

由於後面的章節需要使用網路資源，所以使用**工作站介面 (network.STA_IF)**。取得無線網路物件後，要先啟用網路介面：

```
>>> sta.active(True)
```

參數 **True** 表示要啟用網路介面；如果傳入 **False** 則會停用此介面。接著，就可以嘗試連上無線網路：

```
>>> sta.connect('無線網路名稱', '無線網路密碼')
```

其中的 2 個參數就是無線網路的名稱和密碼，**請注意大小寫**，才不會連不上指定的無線網路。例如，我的無線網路名稱為 FLAG，密碼為 12345678，只要如下呼叫 connect() 即可連上無線網路：

```
>>> sta.connect('FLAG', '12345678')
```

為了避免網路名稱或是密碼錯誤無法連網，導致後續的程式執行出錯，通常會在呼叫 connect() 之後使用 isconnected() 函式確認已經連上網路，例如：

```
>>> while not sta.isconnect():
        pass
```

上例中的 pass 是一個特別的敘述，它的實際效用是甚麼也不做，當你必須在迴圈中加入程式區塊才能維持語法的正確性時，就可以使用 pass，由於它甚麼也不會做，就不必擔心會造成任何意料外的副作用。上例就是持續檢查是否已經連上網路，如果沒有，就用 pass 往迴圈下一輪繼續檢查連網狀況。

⚠ pass 的由來就是玩撲克牌遊戲無牌可出要跳過這一輪時所喊的 pass。

5-2 讓 D1 mini 控制板變成網站

為了讓手機變成遙控器，我們採用最簡單的方法，就是讓 D1 mini 控制板變成網站，接收手機送來的指令，這樣就可以控制車子。

ESP8266WebServer 模組

要讓 D1 mini 變成網站，可以使用 ESP8266WebServer 模組，透過 Python 程式提供網站的功能。**本套件在出廠前已經將該模組上傳至 D1 mini，因此可以直接使用。**

啟用網站

使用 ESP8266WebServer 模組，必須先匯入該模組，接著再啟用網站功能：

```
import ESP8266WebServer       # 匯入模組
ESP8266WebServer.begin(80)    # 啟用網站
```

這裡的參數 80 稱為連接埠編號，就像是公司內的分機號碼一樣，其中 80 號連接埠是網站預設使用的編號，就像總機人員分機號碼通常是 0 一樣。如果更改了這裡的編號，稍後在瀏覽器鍵入網址時，就必須在位址後面加上 ": 編號 "。例如，若網站的 IP 位址為 "192.168.100.38"，啟用網站時將編號改為 5555，那麼在瀏覽器的網址列中就要輸入 "192.168.100.38:5555"，若保留 80 不變，網址就只要寫 "192.168.100.38"，瀏覽器就知道你指的是 "192.168.100.38:80"。

處理指令

啟用網站後，還要決定如何處理接收到的指令 (也稱為**請求 (Request)**)，這可以透過以下程式完成：

```
ESP8266WebServer.onPath("/Race", handleCmd)
```

第 1 個參數是路徑，也就是指令名稱，開頭的 "/" 表示根路徑，需要的話還可以再用 "/" 分隔名稱做成多階層的指令架構。個別指令可透過第 2 個參數指定專門處理該指令的對應函式。在瀏覽器的網址中指定路徑的方式就像是這樣：

```
http://192.168.100.38/Race
```

尾端的 "/Race" 就是路徑。指令還可以像是函式一樣傳入參數附加額外的資訊，附加參數的方法如下：

```
http://192.168.100.38/Race?output=L
```

指令名稱後由問號隔開的部分就是參數，由『參數名稱 = 參數內容』格式指定。本節的範例就會使用名稱為 output 的參數決定車子的行進方向，參數內容為 "L" 時左轉，"R" 時右轉。若需要多個參數，參數之間要用 "&" 串接，例如：

```
http://192.168.100.38/Race?output=L&time=20
```

上例中就有 output 和 time 兩個參數。

對應路徑 (指令) 的處理工作則是交給指定的函式來處理，在前面的例子中就指定由 handleCmd 來處理 "/Race" 路徑的請求。處理網站指令的函式必須符合以下規格：

```
def handleCmd(socket, args):
…..
```

第 1 個參數是用來進行網路傳輸用的物件，要傳送回應資料給瀏覽器時，就必須用到它。第 2 個參數是一個字典物件，內含**指令附加的參數**，你可以透過 **in 運算**判斷字典中是否包含有指定名稱的元素，並進而取得元素值，即可得到參數內容。例如：

```
def handleCmd(socket, args):
    if 'output' in args:          # 判斷是否有參數為 output
        if args['output'] == 'L': # 判斷 output 參數內容是否為 L
            .....
        elif args['output'] == 'R':
            .....
```

如此即可依據參數內容進行對應的處理。

函式為一組被命名的程式，執行函式就代表執行其內部程式。在 Python 中會使用『def』來表示函式，範例如下：

```
>>> def plus_one(num):
        num=num+1
        return(num)
>>> plus_one(5)
6
```

上面的範例只要呼叫 **plus_one** 函式，輸入值 num 就會加上 1 並回傳。使用函式可以避免**不斷重複程式碼**，還可因為具有說明意義的函式名稱提升**程式的易讀性**。

if-else 條件式

if 條件式的結構如下：

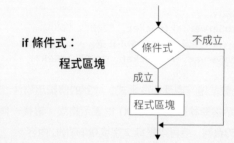

if 條件式：
程式區塊

if 會判斷條件式是否成立，如果**成立**即執行程式區塊，**不成立**則什麼都不做，程式繼續往下進行。

if 條件式還可以搭配 **elif** 和 **else** 一起使用，其結構如下：

```
if(條件式 a):
    程式區塊 a
elif(條件式 b):
    程式區塊 b
elif(條件式 c):
    程式區塊 c
…
else:
    程式區塊
```

if 的條件式 a 如果不成立，則會往下查看是否符合其它 elif(else if 的縮寫) 的條件式，成立的話則執行對應的程式區塊，如果 if 和 elif 全都不符合條件，則會執行 else 的程式區塊。

回應資料給瀏覽器

瀏覽器送出指令後會等待網站回應資料，程式在處理完指令後，可以使用以下程式傳送資料回去給瀏覽器：

```
# 指令正確執行
ESP8266WebServer.ok(socket, "200", "OK")
# 若指令執行發生錯誤，例如參數不正確
ESP8266WebServer.err(socket, "400", "ERR")
```

第 1 個參數就是『處理指令函式』收到的傳輸用物件，第 2 個參數為狀態碼，200 表示指令執行成功；400 則表示錯誤。最後一個參數就是實際要傳送回瀏覽器的資料，這可以是純文字或是 HTML 內容。

軟體補給站

HTTP 傳輸協定

瀏覽器與網站之間的溝通都定義在 HTTP 協定中，若想瞭解個別狀態碼的意義，可參考底下所列的線上文件：

檢查新收到的請求指令

為了讓剛剛建立的網站運作，我們還需要在主程式中加入無窮迴圈，持續檢查是否有收到新的指令，執行對應的指令處理函式：

```
while True:
    ESP8266WebServer.handleClient()
```

取得 D1 mini 的 IP

若要檢查連上網路後的相關設定，可以呼叫網路介面物件的 ifconfig()：

```
>>> sta.ifconfig()
('192.168.100.38', '255.255.255.0', '192.168.100.254',
'168.95.162.1')
```

ifconfig() 傳回的是稱為『元組 (tuple)』的資料，元組是以小括號 () 表示。在 ifconfig() 傳回的元組中，共有 4 個元素，依序為網路位址 (Internet Protocol address, 簡稱 IP 位址)、子網路遮罩 (subnet mask)、閘道器 (gateway) 位址、網域名稱伺服器 (Domain Name Server, 簡稱 DNS 伺服器) 位址。如果只想顯示其中單項資料，可以使用中括號 [] 標註從 0 起算的索引值 (index)，例如以下即可顯示 IP 位址：

```
print("伺服器位址:"+sta.ifconfig()[0])
```

在瀏覽器中就可以依據 IP 位址鍵入控制車子的網址了。

Lab 06

網頁遙控車

實驗目的

使用網頁控制車體的行進方向。

設計原理

■ 控制指令

本實驗會讓 D1 mini 變成網站，並接受如下的網址 (假設 D1 mini 網站的 IP 位址為 192.168.100.38) 當成指令**控制車子左轉**：

```
http://192.168.100.38/Race?output=L
```

以下的指令會**控制車子右轉**：

```
http://192.168.100.38/Race?output=R
```

因此，我們的程式就要能處理 "/Race" 指令，並取出伴隨指令的 "output" 參數，再依據參數內容是 "L" 還是 "R" 切換車子的左轉或右轉。

■ 確認是否連上基地台

跟前面的實驗一樣，在執行程式時車子無法與電腦連接，因此無法在 **Thonny 的互動環境**輸出訊息確認是否連上 WiFi 基地台，這裡使用 D1 mini 內建的 LED 燈當作依據，連上基地台前，**LED 燈是熄滅的**；連上基地台後，**點亮 LED 燈**。

■ 確認 IP 位址

IP 位址也是同樣的道理，既然無法顯示在電腦上，就用其他方法得知。前面提過 D1 mini 有 2 個網路介面，一個是連接基地台的**工作站 (station) 介面**，另一個是建立基地台的**熱點 (access point) 介面**，我們先建立熱點，並將 IP 位址加入到熱點的名稱中：

```
ap = network.WLAN(network.AP_IF)
ap.active(True)
# AP 名稱為 IP 位址
ap.config(essid='LAB06-'+str(sta.ifconfig()[0]))
```

接下來就可以從手機或電腦搜尋 WiFi 並看到 D1 mini 建立的基地台：

IP 位址會根據基地台分配而有所不同

■ 避免馬達驅動板沒有回應

D1 mini 的馬達驅動板如果一段時間沒有接收到新的資料，就會停止回應，因此在程式碼中加上 **avoidTimeout()** 方法來避免馬達驅動板沒有回應：

```
while True:
    motor.avoidTimeout()
```

```
01: import network
02: import ESP8266WebServer   # 匯入網站模組
03: import wemotor
04: from machine import I2C, Pin
05:
06: motor = wemotor.Motor()
07:
08: # 左轉
09: def left():
10:     motor.move(0, 50)
11:
12: # 右轉
13: def right():
14:     motor.move(50, 0)
15:
16: # 處理 /Race 指令的函式
17: def handleCmd(socket, args):
18:     # 檢查是否有 output 參數
19:     if 'output' in args:
20:         if args['output'] == 'L':   # 若 output 參數值為 'L'
21:             left()                   # 左轉
22:         elif args['output'] == 'R': # 若 output 參數值為 'R'
23:             right()                  # 右轉
24:         # 回應 OK 給瀏覽器
25:         ESP8266WebServer.ok(socket, "200", "OK")
26:     else:
27:         # 回應 ERR 給瀏覽器
28:         ESP8266WebServer.err(socket, "400", "ERR")
29:
30:
31: LED = Pin(2, Pin.OUT, value=1)      # 關閉內建 LED 燈
32:
33: sta = network.WLAN(network.STA_IF)  # 開啟工作站介面
```

```
34: sta.active(True)                              # 啟用無線網路
35: sta.connect('無線網路名稱', '無線網路密碼')  # 連結無線網路
36:
37: # 等待無線網路連上
38: while not sta.isconnected():
39:     pass
40:
41: LED.value(0)                                  # 開啟內建 LED 燈
42:
43: ESP8266WebServer.begin(80)                    # 啟用網站
44: # 指定處理指令的函式 Race
45: ESP8266WebServer.onPath("/Race",handleCmd)
46: print("伺服器位址:" + sta.ifconfig()[0])    # 顯示網站的 IP 位址
47:
48: # 建立 AP
49: ap = network.WLAN(network.AP_IF)
50: ap.active(True)
51: # AP 名稱為 IP 位址
52: ap.config(essid='LAB06-'+str(sta.ifconfig()[0]))
53:
54: while True:
55:     ESP8266WebServer.handleClient()           # 檢查是否收到新指令
56:     motor.avoidTimeout()                      # 避免 time.out
```

- 第 17-28 行:確認指令中是否包含 output
  參數,並確認其值來改變行進方向。

- 第 35 行:填入可連上網的基地台,名稱與
  密碼請注意大小寫。

- 第 49-52 行:建立基地台,基地台名稱為
  LAB06-IP 位址。

測試程式

https://www.flag.com.tw/
Video/FM627A/09

5-3 ┃ 使用 HTML 網頁簡化操作

前一節的實驗雖然可以正確運作，不過下指令還要打一長串的網址，如果能夠提供 HTML 網頁讓使用者直接點選連結，就會更容易操作了。

◢ 指定回應網頁 ◣

在 ESP8266WebServer 模組中，也提供有回傳 HTML 網頁的功能，只要使用以下函式：

```
ESP8266WebServer.setDocPath("/car")
```

就會把 "/car" 開頭的指令當成是檔案名稱，將 D1 mini 模組上同名的檔案傳回給瀏覽器。例如，如果輸入以下網址：

```
http://192.168.100.38/car.html
```

直接傳回 D1 mini 上現有的 /car.html 檔案內容給瀏覽器。

◢ 上傳檔案到 D1 mini ◣

要搭配傳回檔案的功能，我們還必須將檔案上傳到 D1 mini 中，car.html 檔可以在**雙 V AI 自駕車 / 網頁資料**資料夾中找到：

而在 Thonny 中使用前面學過的方式上傳至 D1 mini：

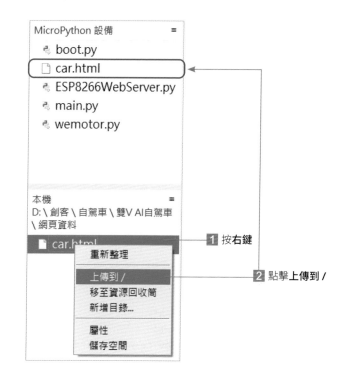

上傳完畢後，就可以搭配傳回檔案功能提供 HTML 網頁給瀏覽器。

建立遙控網站

```
...與 LAB06 前 45 行相同...

46: ESP8266WebServer.setDocPath("/car")    # 指定 HTML 檔路徑
47: print("伺服器位址:" + sta.ifconfig()[0]) # 顯示網站的 IP 位址
48:
49: # 建立 AP
50: ap = network.WLAN(network.AP_IF)
51: ap.active(True)
52: # AP名稱為IP位址
53: ap.config(essid='LAB07-'+str(sta.ifconfig()[0]))
54:
55: while True:
56:     ESP8266WebServer.handleClient()     # 檢查是否收到新指令
57:     motor.avoidTimeout()                # 避免 time.out
```

實驗目的

使用寫好的 HTML 檔案減少重複輸入網址的步驟。

設計原理

本實驗會設定網頁路徑, 讓 D1 mini 接到以下指令時:

```
http://192.168.100.38/car.html
```

直接傳回 car.html 檔給瀏覽器顯示, 方便使用者操作。我們提供的 car. html 內容如下:

```
01: <!DOCTYPE html>
02: <html>
03: <head>
04:   <meta charset='UTF-8'>
05:   <meta name='viewport'
06:     content='width=device-width, initial-scale=1.0'>
07:   <title>遙控車</title>
08: </head>
09: <body>
10:   <h1>
11:     <a href='/Race?output=L'>左轉</a> 或
12:     <a href='/Race?output=R'>右轉</a></h1>
13: </body>
14: </html>
```

其中主要就是第 11、12 行建立了左轉及右轉的連結, 讓使用者可以點選來控制車子。

測試程式

https://www.flag.com.tw/
Video/FM627A/10

6 用 App 控制行車方向

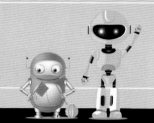

前一章使用網頁控制車子的行進方向，而這一章則會更改為用 App 來遙控！

6-1 設計手機遙控 App

App Inventor 是一款開發 Android App 的軟體，包含中文介面並藉由拖曳程式積木來撰寫程式，讓初學者也能快速上手。現在就試著寫一個 App 讓車子動起來吧！

App Inventor

1 登入 App Inventor：

1 輸入 **https://appinventor.mit.edu/** 到 App Inventor 首頁

2 按此鈕登入

3 輸入 **Google 帳號、密碼**。如果沒有 Google 帳號請先申請

4 按繼續

5 閱讀完服務條款後，按此鈕

9 點擊**語言選單**

6 如不想再次顯示此視窗，則勾選此選項

7 按 Continue

10 選擇**繁體中文**

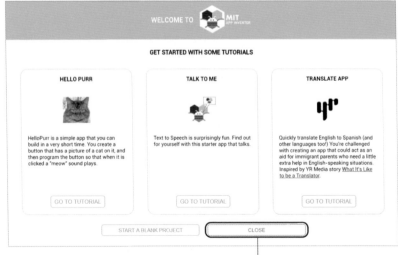

8 按 **CLOSE** 關閉歡迎視窗

管理 App 專案的介面

2 建立專案：

1 按**新增專案**

新增專案　刪除專案　發佈作品到Gallery　View Trash

我的專案

專案名稱

新增專案...

專案名稱：　　LAB08

2 輸入 **LAB08**

取消　　　確定

3 按**確定**

稍等一下，會自動
跳到**開發 App** 頁面

LAB08　　Screen1 ▾　新增螢幕　刪除螢幕　　　　　　　　　　　畫面編排　程式設計

元件面板　　　　**工作面板**　　　　　　　　　**元件清單**　　　**元件屬性**

Search Components...　　☐顯示隱藏元件　　　　　　　　　　　　　Screen1

使用者介面　　　　　手機尺寸 (505,320) ▾　　　　　　　　　應用說明

　🖼 按鈕　⑦

　☑ 複選盒　⑦　　　　　　　　　　🔋 9:48　　　　　突顯顏色
　　　　　　　　　　　Screen1　　　　　　　　　　　■ 預設
　🗓 日期選擇器　⑦

　🖼 圖像　⑦　　　　　　　　　　　　　　　　　　水平對齊
　　　　　　　　　　　　　　　　　　　　　　　　靠左：1 ▾
　A 標籤　⑦

　☰ 清單選擇器　⑦　　　　　　　　　　　　　　　垂直對齊
　　　　　　　　　　　　　　　　　　　　　　　　靠上：1 ▾
　☰ 清單顯示器　⑦

　⚠ 對話框　⑦　　　　　　　　　　　　　　　　App名稱
　　　　　　　　　　　　　　　　　　　　　　　　LAB08
　⚎ 密碼輸入盒　⑦

　📶 滑桿　⑦　　　　　　　　　　　　　　　　　背景顏色
　　　　　　　　　　　　　　　　　　　　　　　　☐ 預設
　📋 下拉式選單　⑦
　　　　　　　　　　　　　　　　　　　　　　　背景圖片
　🔘 Switch　⑦　　　　　　　　　　　　　　　　無...

　⎀ 文字輸入盒　⑦　　　　　　　　　　　　　　BlocksToolkit
　　　　　　　　　　　　　　　　　　　　　　　All ▾
　🕐 時間選擇器　⑦
　　　　　　　　　　　　　　　　重新命名　刪除　　關閉螢幕動畫
　🌐 網路瀏覽器　⑦　　　　　　　　　　　　　　預設效果 ▾

　　　　　　　　　　　　　　　　　　　　　　　圖示
介面配置　　　　　　　　　　　　　　素材　　　　　無...

　　　　　　　　　　　　　　　　　上傳文件...　　開啟螢幕動畫
　　　　　　　　　　　　　　　　　　　　　　　預設效果 ▾

元件面板區　　　　　　工作面板區　　　　　　元件清單區　　　　元件屬性區
(可選取要使用的各種元件)　(設計手機畫面)　　(可顯示目前所有元件與　(可針對特定元件修改屬性)
　　　　　　　　　　　　　　　　　　　　元件之間的層級結構)

畫面編排與程式設計

製作 App 的過程中，需要切換於 2 個畫面間，一個是**畫面編排**，另一個是
程式設計。

畫面編排用來決定哪些元件要加入 App 中，並且決定元件的擺放位置：

選擇**畫面編排**　畫面編排

程式設計用來設計 App 的使用規則，每個元件都有各自的功能可以使用，
寫程式的方式為堆疊積木，方便初學者入門：

選擇**程式設計**　程式設計

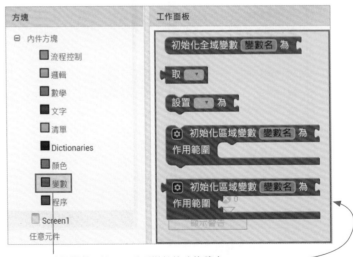

點擊**變數**，就可以看到變數的**功能積木**

Lab 08

▶App 控制行進方向

實驗目的

使用手機 App 控制左轉和右轉。

設計原理

與上一章一樣，將 D1 mini 變成網站，並使用**指令**來控制車子。App Inventor 具備了各種功能的元件，當中的**網路元件**可以用來發出指令。

■ 網路元件

網路元件位於『畫面編排』的**元件面板 / 通訊**中。如要將它加入 App，則需要拖曳元件到手機螢幕上：

將網路元件拖曳到手機螢幕上

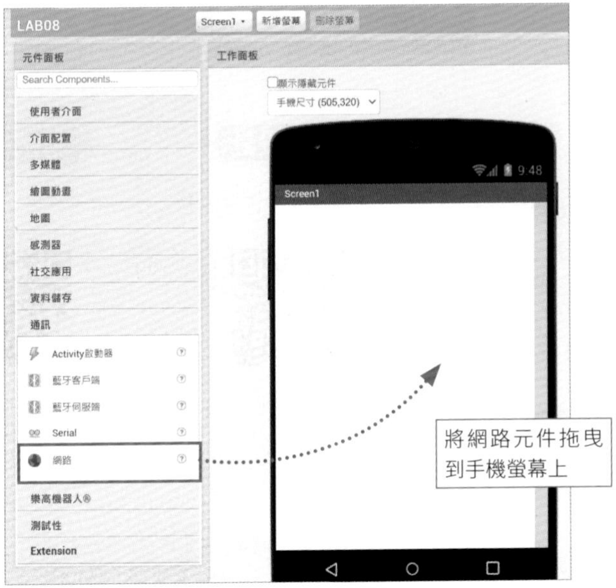

網路元件是個**非可視元件**，代表它不會顯示在螢幕上，只會顯示在手機下方代表有加入此元件：

螢幕上沒有顯示任何元件

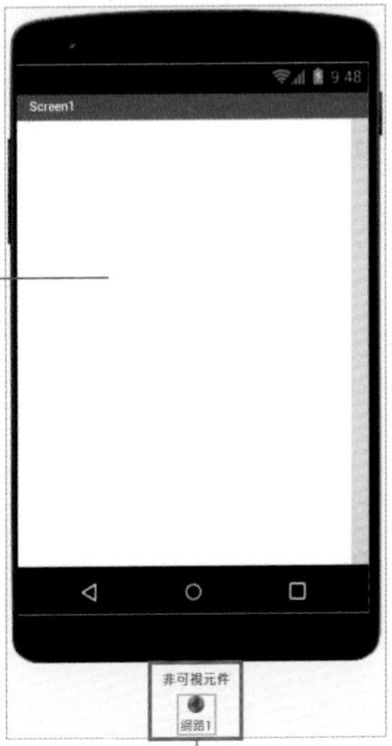

非可視元件僅顯示於手機下方

為了讓 App 發出指令，需要切到『程式設計』，並使用**網路元件的 GET 請求**積木：

> 呼叫 網路1 ▾ .執行GET請求

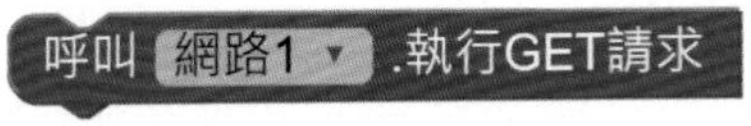

⚠ GET 請求是 HTTP 協定中的 GET 方法，因本書篇幅有限，有興趣的讀者可以讀取相關資料。

此積木可以將設定好的網址執行 GET 請求，而要設定網址時，需要使用**設定網址**積木：

> 設 網路1 ▾ . 網址 ▾ 為

設定網址積木搭配**文字 / " "** 積木後就可以填入網址：

> 設 網路1 ▾ . 網址 ▾ 為 " " ← 填入網址

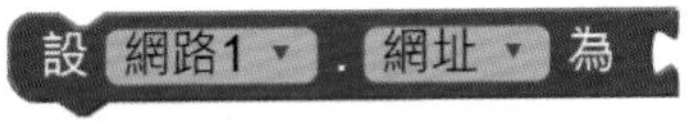

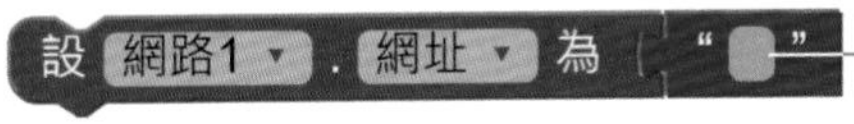

■ 文字輸入盒元件

前一章的指令 (網址) 內容需要包含 **D1 mini** 的 **IP 位址、路徑、參數和參數內容**：

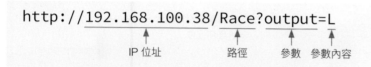

IP 位址　　　路徑　　參數　參數內容

當中的內容大多數不會更改，但 **D1 mini** 的 **IP 位址**卻需要等到基地台分配後才能確定，因此增加**元件面板 / 使用者介面 / 文字輸入盒元件**，等確定後再輸入 IP 位址：

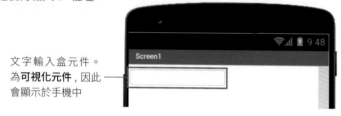

文字輸入盒元件。
為**可視化元件**，因此
會顯示於手機中

輸入在**文字輸入盒**的內容可以藉由**文字輸入盒 . 文字**積木取得：

文字輸入盒1 ▼ . 文字 ▼

接下來只要將所有網址內容合併在一起就可以得到**指令**：

指令內容

⚠ 多段文字可以使用**合併文字**積木來合併。

■ 按鈕元件

既然已經可以發出指令，那就需要決定發出指令的時間點，這裡選擇使用**元件面板 / 使用者介面 / 按鈕元件**當作觸發開關：

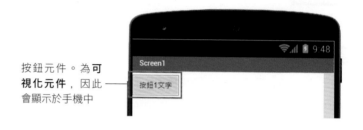

按鈕元件。為**可**
視化元件，因此
會顯示於手機中

我們希望的效果是按下按鈕時發出指令，而**當按鈕被點選**積木可以達到此效果：

程式區塊

此積木會確認按鈕元件是否有被按下，如果被按下則執行其程式區塊。

⚠ **當按鈕被點選**積木只會在被按下的瞬間觸發，持續按壓並不用重複執行程式區塊。

程式設計
■ App Inventor

https://www.flag.com.tw/
Video/FM627A/11

■ D1 mini

與 LAB06 相同。

測試程式

https://www.flag.com.tw/
Video/FM627A/12

7 AI 聲音辨識

>>>>

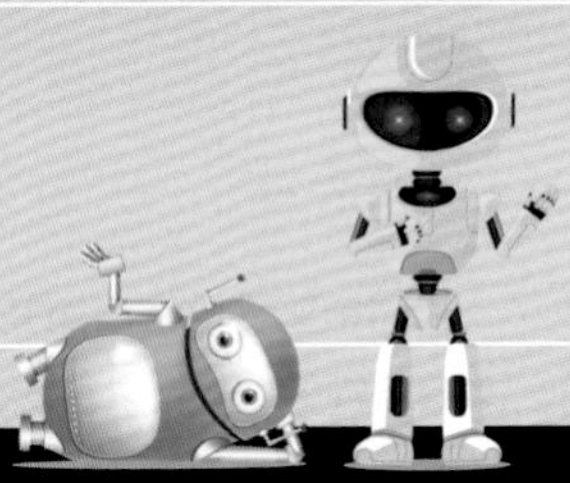

聲音辨識是現在很常見的技術, 包含手機的語音助理和智慧家電…等, 此章節會將聲音辨識加入到車中使其變成一台聲控車。

7-1　語音辨識 STT

語音辨識 STT, 即 **S**peech-**T**o-**T**ext, 可以將**語音轉換成文字**。在前一章使用的 App Inventor 有包含此功能的元件, 現在讓我們一起來試試吧!

Lab 09

⊙ 語音辨識

〈實驗目的〉

使用語音辨識將語音轉換成文字, 並將文字顯示於畫面中。

〈設計原理〉

■ 語音辨識元件

App Inventor 當中的**語音辨識元件**即可將語音轉換為文字, 它位於**元件面板 / 多媒體**中:

多媒體	
📹 錄影機	⑦
📷 照相機	⑦
🖼 圖像選擇器	⑦
▷ 音樂播放器	⑦
🔊 音效	⑦
⚫ 錄音機	⑦
🎤 語音辨識	⑦
📄 文字語音轉換器	⑦
🎬 影片播放器	⑦
Ⅴ Yandex語言翻譯器	⑦

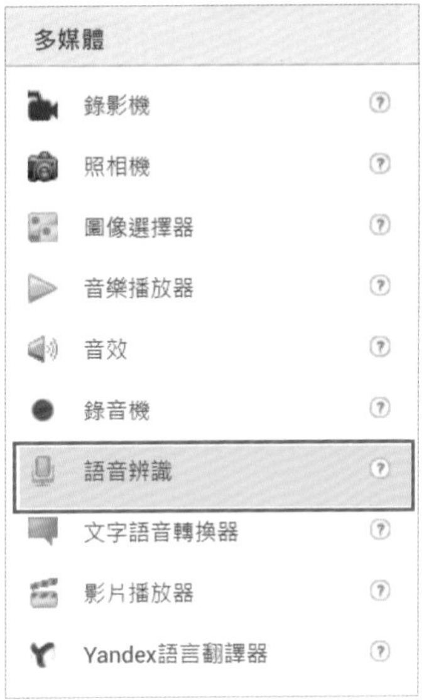

語音辨識元件加入到 App 後, 並不是無時無刻在接收聲音, 需要使用**呼叫辨識語音**積木來觸發:

> 呼叫 語音辨識1 ▼ .辨識語音

當辨識完語音後, 就要使用**辨識完成**積木來得到辨識結果:

> 當 語音辨識1 ▼ .辨識完成
> 返回結果　partial
> 執行

取返回結果積木就會是語音轉換的文字

在**辨識完成**積木上選擇**返回結果 / 取返回結果**:

> 當 語音辨識1 ▼ .辨識完成
> 返回結果
> 執行

點擊 →

> 取 返回結果 ▼
>
> 設置 返回結果 ▼ 為

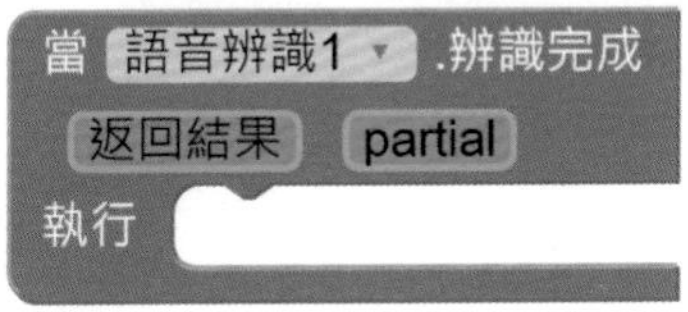

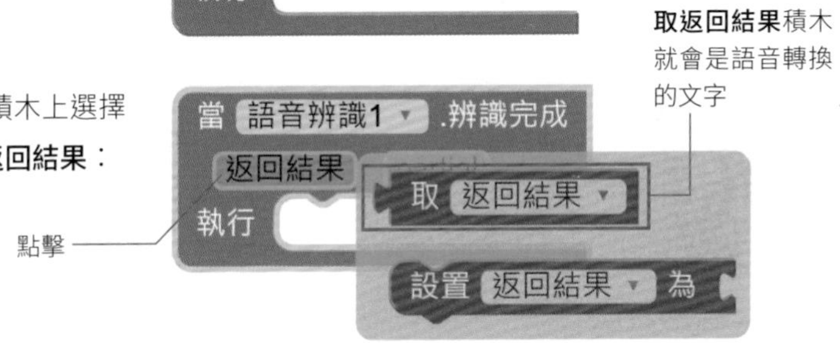

■ 標籤元件

我們希望將語音辨識完的結果顯示在手機螢幕上，因此增加**標籤元件**來顯示辨識結果，它位於**元件面板/使用者介面**中：

辨識結果

如需更改標籤元件的文字，則要使用**設標籤.文字為**積木：

■ 程式設計

■ App Inventor

■ D1 mini

無

測試程式

https://www.flag.com.tw/
Video/FM627A/13

https://www.flag.com.tw/
Video/FM627A/14

Lab 10

◆ 簡易聲控車

實驗目的

使用語音辨識的結果控制車子行進方向。

設計原理

App 中判斷語音辨識結果為何，再根據結果決定要發出哪一種指令：

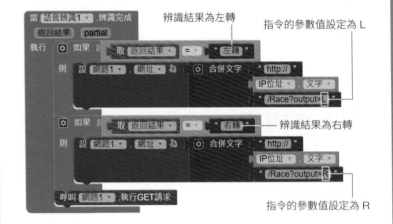

辨識結果為左轉

指令的參數值設定為 L

辨識結果為右轉

指令的參數值設定為 R

■ 程式設計

■ App Inventor

■ D1 mini

與 LAB06 相同。

測試程式

https://www.flag.com.tw/
Video/FM627A/15

https://www.flag.com.tw/
Video/FM627A/16

Lab 11

❯ Voice – 連續聲控車

實驗目的

使用**旗標科技**研發的『旗標語音助理』可以讓語音辨識持續不間斷。

設計原理

■ 旗標語音助理

前面的實驗中，只要進到語音辨識的畫面一段時間不使用，就會自動停止，需要點擊**再試一次**才能繼續辨識：

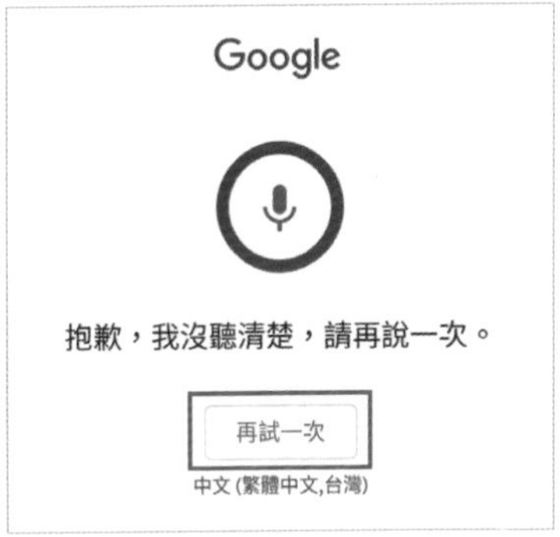

這樣操作起來可能會需要一直點擊按鈕，車子一離開身邊就會有點麻煩，這裡要改用**旗標科技**開發的『旗標語音助理』，它就算一段時間不使用，也不會自動停止，會繼續聆聽：

▲ 請先至手機的 **Play** 商店下載**旗標語音助理**。

在 App Inventor 中，如要使用手機上其他的 App(旗標語音助理) 提供的功能，就需要透過 **Activity 啟動器元件**。

■ Activity 啟動器元件

Activity 啟動器元件位於元件面板 / **通訊**中：

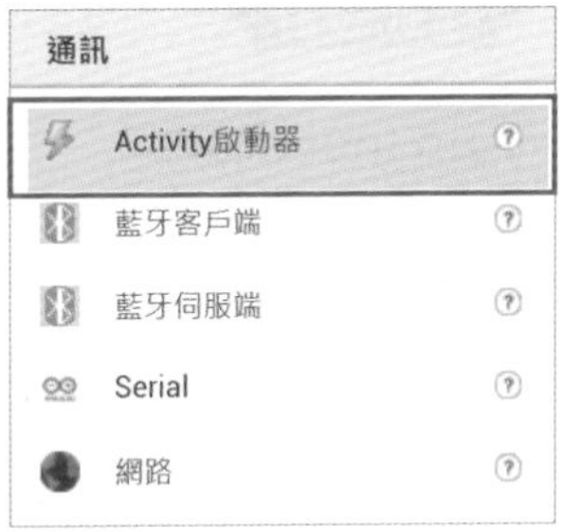

使用 Activity 啟動器元件呼叫其他 App 時，需要提供一些參數：

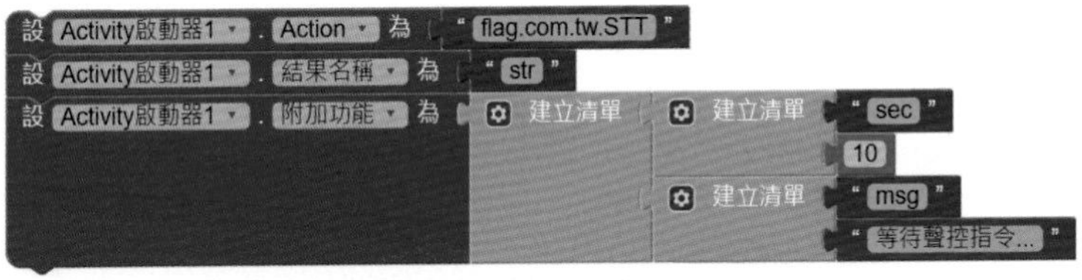

參數名稱	意義
Action	要開啟的 App (本例 flag.com.tw.STT 就是**旗標語音助理**)
結果名稱	App 回傳的資料中，需要的結果名稱
附加功能	傳送給 App 的資訊

附加功能中可以增加『旗標語音助理』的其他設定：

參數名稱	意義
sec	旗標語音助理執行的秒數
msg	旗標語音助理顯示的文字

設定完參數後，使用**啟動 Activity** 積木來開啟 App(旗標語音助理)：

呼叫 Activity啟動器1 ▾ .啟動Activity

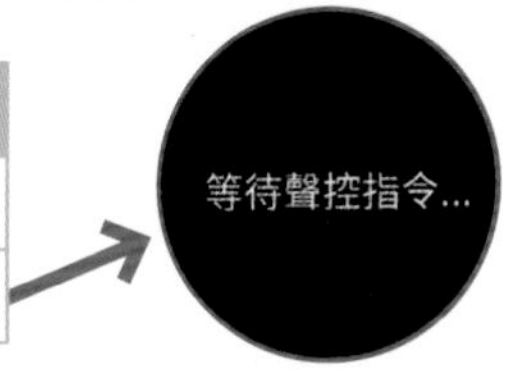

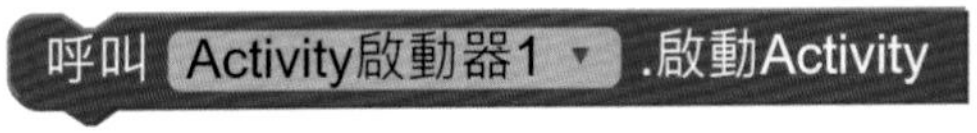

■ App Inventor

https://www.flag.com.tw/
Video/FM627A/17

https://www.flag.com.tw/
Video/FM627A/18

■ D1 mini

```
01: import network
02: import ESP8266WebServer
03: import wemotor
04: from machine import I2C, Pin
05: import time
06:
07: motor = wemotor.Motor()
08:
09: # 處理 /Race 指令的函式
10: def handleCmd(socket, args):
11:     # 檢查是否有 output 參數
12:     if 'output' in args:
13:         if args['output'] == 'L':
14:             motor.move(0, 40)      # 左轉
15:             print('左轉')
16:         elif args['output'] == 'R':
17:             motor.move(40, 0)      # 右轉
18:             print('右轉')
19:         elif args['output'] == 'F':
20:             motor.move(40, 40)     # 直走
21:             print('前進')
22:         elif args['output'] == 'B':
23:             for i in range(20):
24:                 motor.move(20-i, 20-i)
25:                 time.sleep(0.05)
26:             motor.move(-40, -40)     # 後退
27:             print('後退')
28:         elif args['output'] == 'S':
29:             motor.move(0, 0)         # 停止
30:             print('停止')
31:         time.sleep(1)
32:         ESP8266WebServer.ok(socket, "200", "OK")
33:     else:
34:         ESP8266WebServer.err(socket, "400", "ERR")
35:
36: LED = Pin(2, Pin.OUT, value=1)
37:
38: sta = network.WLAN(network.STA_IF)
39: sta.active(True)
40: sta.connect('無線網路名稱', '無線網路密碼')
41:
42: while(not sta.isconnected()):
43:     pass
44:
45: LED.value(0)
46:
47: ESP8266WebServer.begin(80)
48: ESP8266WebServer.onPath("/Race", handleCmd)
49: print("伺服器位址：" + sta.ifconfig()[0])
50:
51: ap = network.WLAN(network.AP_IF)
52: ap.active(True)
53: ap.config(essid='LAB11-'+str(sta.ifconfig()[0]))
54:
55: while True:
56:     ESP8266WebServer.handleClient()
57:     motor.avoidTimeout()
```

● 第 23-25 行：慢慢減速，可以避免車體前傾。

8　AI 影像辨識

>>>>

前一章的旗標語音助理是使用 Google 提供的 AI 語音辨識服務, 使用大量資料訓練出來的辨識模型可以高精度判斷出每段句子, 而這一章則要進入另一個 AI 的重大應用: 影像辨識, 讓自駕車可以藉由手機鏡頭所看到的畫面決定如何行駛。

8-1　神經網路

現在的 AI 採用所謂的**機器學習**, 而機器學習中又有很多不同的學習方法, 目前最主流的方式便是**類神經網路** (後面簡稱神經網路), 這是一種利用程式來模擬神經元的技術。神經元是生物用來傳遞訊號的構造, 又稱為神經細胞, 正是因為有它的存在, 人類才可以感覺到周遭的環境、做出動作。神經元主要是由樹突、軸突、突觸所構成的, 樹突負責接收訊號, 軸突負責傳送, 突觸則是將訊號傳給下一個神經元或接收器:

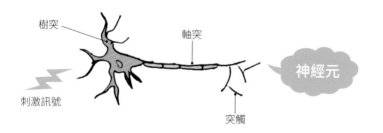

科學家利用這個原理, 設計出一個模型來模擬神經元的運作, 讓電腦也有如同生物般的神經細胞:

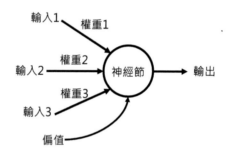

以上就是一個人工神經元, 它有幾個重要的參數, 分別是: 輸入、輸出、權重及偏值。輸入就是指問題, 我們可以依照問題來決定神經元要有幾個輸入; 輸出則是解答; 而權重和偏值就是要自我學習的參數。

人工神經元的運作原理是把所有的輸入分別乘上不同的權重後再傳入神經節, 偏值會直接傳入神經節, 神經節會把所有傳入的值相加後再輸出, 以上的人工神經元用數學式子可以表示成:

輸出 = 輸入 1×權重 1 + 輸入 2×權重 2 + 輸入 3×權重 3 + 偏值

一個神經元通常無法解決太複雜的問題, 因此遇到無法解決的問題時, 可以將多個神經元結合在一起:

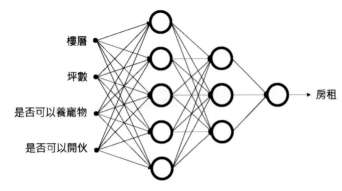

⚠ 圖中省略了偏值以增加可讀性。

上圖將多個神經元結合在一起，並藉由 4 個輸入資料：『樓層』、『坪數』、『是否可以養寵物』和『是否可以開伙』來預測**房租**。而以上這種將多個神經元組成神經層，再將多個神經層堆疊起來的結構稱為**神經網路**，其中輸入資料稱為**輸入層**，中間的部分稱為**隱藏層**，一個神經網路可以有很多隱藏層，最後則是**輸出層**：

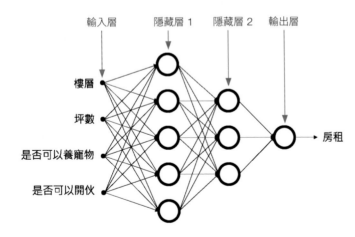

⚠ 這種所有神經元都會與上一層神經元連接的神經網路稱為**全連接網路**。

使用神經網路時，我們可以任意決定要用幾層神經層、每個神經層中要有多少神經元，只要將它想成是一個很厲害的函數產生器就好，我們要做的，就是把資料輸入進去，讓它自動學習，找出一個複雜的對應函數。如果學習成功，便能利用它來解決問題，根本不用知道那個函數的數學式子是什麼，因此又稱神經網路為一個黑盒子呢！

迴歸與分類

神經網路可以分為**迴歸問題**和**分類問題**，迴歸問題會藉由輸入資料推算出**對應的數值**，像上面的例子就是使用 4 種輸入資料推算出房租。但有時候，我們希望得到的結果不會是一個數值，而是一個類別，像是『狗』、『貓』…等，這時就會使用**分類問題**。

分類問題可以再分成**二元分類**和**多元分類**，它們之間的差別在於類別的數量，二元分類代表 2 種類別，例如：『是狗』和『不是狗』，而多元分類代表不只 2 種類別，例如：『狗』、『貓』、『鳥』…等種類：

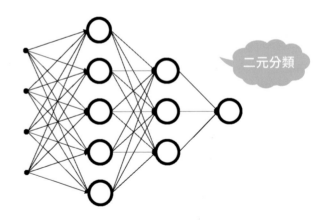

二元分類

⚠ 二元分類最後的輸出結果會是一個機率值。如果此神經網路是預測圖片是否為狗，只要機率值大於 0.5 就代表**是**，反之小於 0.5 則為**否**。

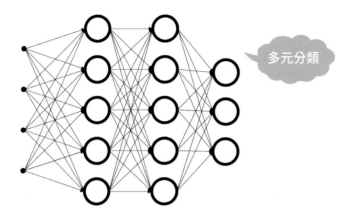

多元分類

後續的內容我們會希望神經網路藉由手機拍到的圖片來決定車子的行進方向，而當中就包含『左轉』、『右轉』、『後退』…等，所以接下來就專注於介紹**多元分類**。

多元分類

多元分類問題，簡單來說就是 " 多選一 "，輸入資料通過神經網路後，每個標籤 (分類) 都會得到一個數值。以下就是一個箭頭分類器：

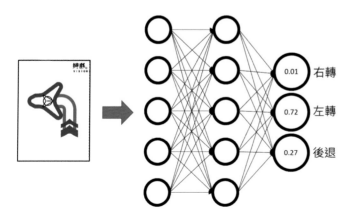

我們首先要定義輸出神經元對應的類別，以上面的例子就是**右轉**、**左轉**和**後退**這 3 類，這麼一來，輸入一張影像給神經網路後，輸出值最高的神經元就代表是該影像最有可能的類別，上面的例子中，神經網路將此影像分類為**左轉**。

8-2 Personal Image Classifier

Personal Image Classifier (自訂影像分類器) 是 App Inventor 團隊所發表的 **AI 影像辨識套件**，使用者可以提供圖片讓 AI 學習，並得到屬於自己的影像分類器。

它藉由**網頁形式**提供使用者上傳自己的圖片進行訓練：

輸入 https://classifier.appinventor.mit.edu/oldpic/

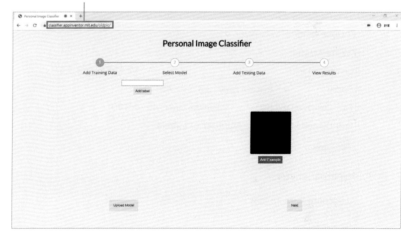

⚠ 目前 Personal Image Classifier 已有新版本，但新介面沒有這麼適合用於**手機**，所以使用舊版本。

⚠ 後續實驗會在**手機上**使用 Personal Image Classifier，現在只是先了解介面及功能，所以先使用電腦熟悉畫面。

Personal Image Classifier 的訓練流程分為 4 個步驟：

1 增加訓練資料

2 選擇模型

3 增加測試資料

4 察看結果

只要經過這 4 個步驟，就可以得到**分類器模型**。

下面讓我們一起來執行整個訓練過程吧：

https://www.flag.com.tw/
Video/FM627A/19

參數解說

在**第 2 步驟：選擇模型**中，出現不少數值和選項可以調整：

Choose Model: MobileNet
Create Model:
Convolution | 5 | 5 | 1 | 7,7,256 --> 3,3,5
Flatten | Remove Layer 3,3,5 --> 45
Fully Connected | 100 | Remove Layer 45 --> 100
Fully Connected | 100 --> Number of Labels
Add Layer

Hyperparameters:
- Learning Rate: 0.0001
- Epochs: 20
- Training Data Fraction: 0.4
- Optimizer: Adam

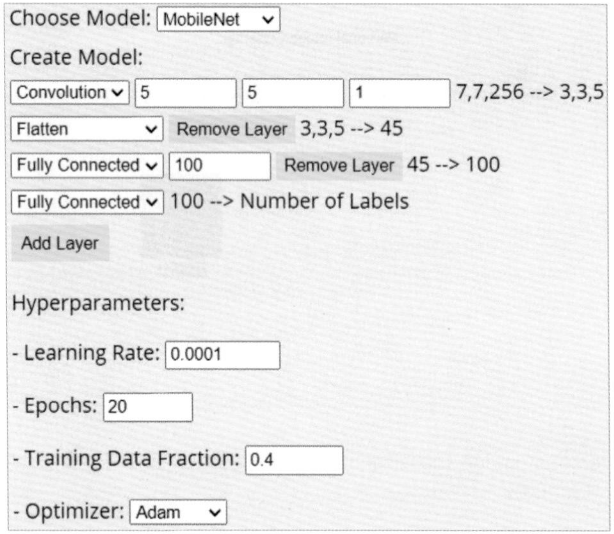

當訓練結果不佳時，可以試著調整這些參數來讓神經網路預測更加精確。

Choose Model

Personal Image Classifier 提供了 2 種模型：MobileNet 和 SqueezeNet，這裡選擇較新的 MobileNet。

以上兩種模型都是屬於 **CNN (卷積神經網路)**。比起全連接網路，圖片更適合使用 CNN, 因為 CNN 可以減少參數，並且計算圖中鄰近像素間的關係。

Create Model

CNN 主要是由**卷積層 (Convolution)**、**池化層 (Pool)**、**展平層 (Flatten)** 和**全連接層 (Fully Connected)** 組成：

■ **卷積層**

Convolution | 2 | 2 | 1 | 7,7,256 --> 6,6,2

⚠ 為了方便舉例，圖片中的數字會與網頁上有些許不同。

『原始圖片』在 CNN 中代表輸入資料，為了要提取每張圖片的**特徵**，需要使用到**卷積核**：

1	0	2	1	0
0	2	1	0	1
0	0	1	0	2
3	2	0	2	3
0	1	1	1	0

0	0	1
1	0	-1
-1	1	0

卷積核 (大小為 3 x 3)

原始圖片 (大小為 5 x 5)

⚠ 原始圖片中的數值代表像素值，範圍是 0~255。

卷積核可以想像成人類，每個人在看圖片時都會注意到**特定的特徵**，像是一張鳥的圖片，有些人會注意『羽毛』，有些人則會注意『腳』，所以不同的卷積核可以尋找出不同的特徵：

每個卷積核會在原始圖片上根據**指定的步長 (stride)** 當作每次移動的距離，並得到其特徵圖：

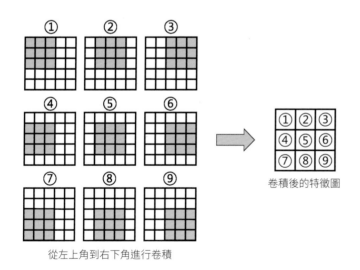

從左上角到右下角進行卷積

⚠ 上圖中使用**步長為 1** 來移動卷積核。

卷積核經過的區域會讓位置重疊的格子相乘，所有數字相乘後，再相加就可以得到特徵值，範例如下：

$$1 \times 0 + 0 \times 0 + 2 \times 1 + 0 \times 1 + 2 \times 0 + 1 \times (-1) + 0 \times (-1) + 0 \times 1 + 1 \times 0 = 1$$

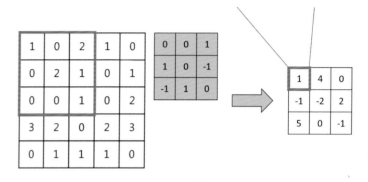

如果有 2 個卷積核，則會得到 2 層特徵圖：

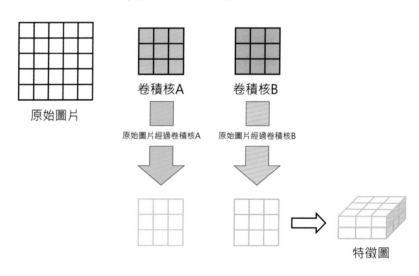

原始圖片大小為 5 (長)×5 (寬)×1 (高)，經過 2 個 3×3 的卷積核後會得到 3 (長)×3 (寬)×2 (高) 的特徵圖。

現在重新看回 Personal Image Classifier 提供的卷積層：

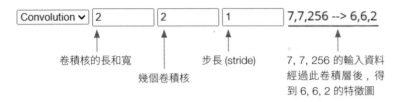

卷積核的長和寬　　幾個卷積核　　步長 (stride)　　7, 7, 256 的輸入資料
　　　　　　　　　　　　　　　　　　　　　　　　　　　　　經過此卷積層後，得
　　　　　　　　　　　　　　　　　　　　　　　　　　　　　到 6, 6, 2 的特徵圖

⚠ 卷積核的大小沒有所謂正確答案，當你想觀察大特徵時，大卷積核可能比較符合需求，反之尋找小特徵時，就可以嘗試小卷積核。

■ 池化層

⚠ 網頁預設的神經層中沒有**池化層**，但可以藉由 **Add Layer** 按鈕來新增。

　通常在建立 CNN 時，越後面的卷積層會設定越多的卷積核，以提取更多的特徵，然而好幾層的卷積層會讓參數量和運算量變的很大，為了解決這個問題，就需要**降低採樣頻率 (downsampling)**，即在盡量保留特徵資訊的情況下，縮小資料量。CNN 用的降低採樣頻率方法為**池化 (Pooling)**，根據不同算法又能分為：**最大池化 (MaxPooling)** 和**平均池化 (AveragePooling)**：

⚠ Personal Image Classifier 只提供**最大池化**。

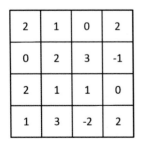 MaxPooling

『最大池化』會將指定範圍內的**最大值**留下來，其餘刪除，上圖是使用 2×2 當作窗口，因此留下最大值 2：

 MaxPooling

接下來**步長為 2** 向右移動：

 MaxPooling

最後將 2×2 的窗口掃描完整張圖，即可保留比較重要的特徵資訊並減少資料量。

現在重新看回 Personal Image Classifier 提供的池化層：

窗口的長和寬　　步長　　6, 6, 2 的特徵圖經過
　　　　　　　　　　　　　此池化層後，得到 3,
　　　　　　　　　　　　　3, 2 的特徵圖

■ 展平層

| Flatten ∨ | Remove Layer | 3,3,2 --> 18 |

經過數個卷積層和池化層後，最終要連接上**全連接層**才能分類，因此需先展平 (flatten)：

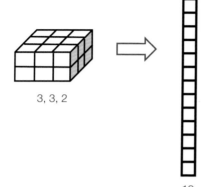

3, 3, 2

18

■ 全連接層

| Fully Connected ∨ | 100 | Remove Layer | 18 --> 100 |

只要將卷積層和池化層得到的特徵圖展平，輸入到全連接層中，參數就會在訓練的過程中不斷調整：

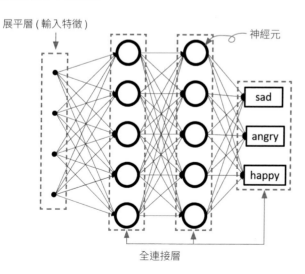

展平層 (輸入特徵)

神經元

sad

angry

happy

全連接層

上圖共加了 3 層全連接層，前兩個都是 5 顆神經元的全連接層，在稍後的訓練過程會進行調整。

| Fully Connected ∨ | 100 | Remove Layer | 18 --> <u>100</u> |

全連接層的神經元個數

最後一層全連接層就是要將圖片分類到一開始設定的標籤，因此神經元數會固定為標籤數量：

| Fully Connected ∨ | 100 --> <u>Number of Labels</u> |

標籤數量

超參數

到此就建立好了神經網路的架構，接下來認識一下**超參數**。在神經網路中，『參數』代表訓練過程**自動調整的值**，例如神經元權重；『超參數』則是交給**人類來決定**，例如損失函數、學習率和訓練資料比例：

Hyperparameters:

- Learning Rate: [0.0001] —— 學習率

- Epochs: [20] —— 訓練週期

- Training Data Fraction: [0.4] —— 訓練集佔輸入資料的比例

- Optimizer: [Adam ∨] —— 優化器

■ 學習率

在看**學習率**前，先了解一下神經網路是如何訓練的。神經網路的訓練過程可以想像成有個人要下山，但周圍都是濃霧讓你沒辦法看清下山的路，能夠確定的東西只有腳下的地形，所以我們要根據往下的地形找到下山的路：

現在看回神經網路，『山』本身是**損失值**，損失值代表圖片在訓練過程中，得到的結果和原始圖片之間的差異，差異越大，損失值也越大，所以訓練神經網路的目的就是**找到最小損失值**：

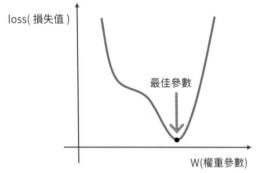

⚠ 權重參數為全連接層的權重，神經網路訓練的過程中會不斷調整權重，就是為了讓損失值變小。

學習率 (learning rate) 是用來控制學習步伐的超參數，這個數值介於 0~1 之間，可以將其想像成人類走一步的大小，適當的步伐可以快速且正確的下山，如果**步伐太大 (學習率太大)**，可能會產生震盪：

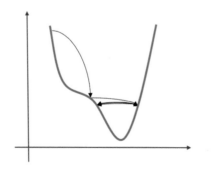

甚至會離最低點越來越遠：

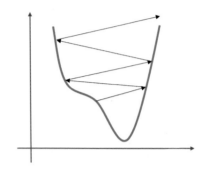

步伐太小 (學習率太小)，則會使到達最低點的速度變慢：

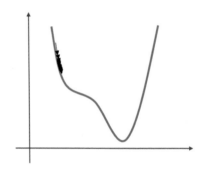

⚠ 當看到損失值不斷震盪無法變小，可以試著將**學習率調小**；如果損失值有變小，但訓練完成時損失值還是太大，就可以將**學習率調大**。

■ **訓練週期**

- Epochs: 20

訓練週期 (epochs) 代表訓練過程中，所有輸入資料訓練的次數，當訓練週期越大，訓練出來的模型有機會辨識更好。

⚠ 訓練週期大多數情況會選在 15~25 之間。

■ **訓練集佔輸入資料的比例**

 - Training Data Fraction: `0.4`

　神經網路在訓練前，需要把輸入資料分成『訓練集』、『驗證集』和『測試集』。**訓練集**就像學生在學習時寫的例題；**驗證集**就像是習題；**測試集**就像期末考試。神經網路訓練時只會看到訓練集的資料，訓練過程中會使用驗證集來模擬測試，訓練完畢後，就能用測試集來考它，看看它的學習成效如何，這樣能確保神經網路不是一個只會背答案的學生，而是真的有解決問題的能力。此參數就是調整**訓練集**和**驗證集**的比例，例如輸入 10 張照片，當比例為 0.4 時，其中就會有 4 張照片當作訓練集。

■ **優化器**

 - Optimizer: `Adam ⌄`

　優化器 (optimizer) 會利用損失值來更新權重，讓損失值降低，這個學習過程稱為**訓練**。不同優化器有不同的特性。有些優化器會根據時間調整學習率，剛開始時學習率大一點，增加訓練的速度，接下來逐漸把學習率調低，避免在谷底震盪，稱為**自適應 (Adaptive)**：

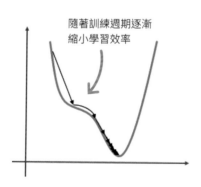

隨著訓練週期逐漸
縮小學習效率

　有些優化器會像是球丟到碗裡，它不會在相對低點立即停止，會因為**慣性**而繼續滾動，這樣可以避免在『區域最低點』停住，讓它有機會找到『全域最低點』，稱為**動量 (Momentum)**：

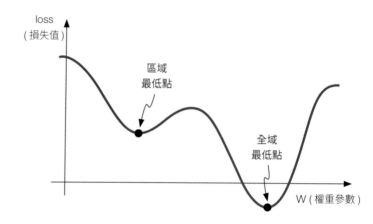

　而這裡我們選擇 2 種特性都包含的 **Adam** 優化器。

訓練

　建立好**神經網路架構**和設定完**超參數**後就可以準備來訓練神經網路：

按 Training model
即可開始訓練

　按下 **Training model** 後，會先出現 **Training...**：

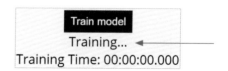

接下來神經網路就會根據設定的神經層和超參數調整權重，讓損失值變小：

> Train model
> Loss: 1.48855
> Training Time: 00:00:03.605

> Train model
> Loss: 0.12188
> Training Time: 00:00:07.236

　　上面兩張圖可以看出，損失值從 1.48855 下降成 0.12188，代表神經網路有往正確的方向訓練。但根據經驗，目前的損失值 (0.12188) 還不夠小，表示神經網路還沒有訓練得很好，至少要小數點後 3 位才可以得到較好的辨識結果，所以就需要觀察**訓練的過程**，如果損失值不斷下降，但下降的速度偏慢，就可以將**學習率調高**，加快下降的速度；如果損失值不斷震盪，就可以將**學習率調低**，讓權重不會一次調整太多。更改完學習率後，即可再次點擊 **Train model**：

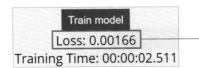

調整完學習率的結果，比之前的損失值還小

⚠ 神經網路訓練好後會自動跳到下一階段：**Add Testing Data**，如果想重新訓練，可以按上方進度條的 **Select Model** 回到訓練階段。

Lab 12

▶ 訓練模型

⟩ 實驗目的

　　使用 Personal Image Classifier 訓練出分類箭頭的模型

⟩ 設計原理

　　套件中附贈了『道路圖』和『箭頭卡』，目前會先使用到**箭頭卡**請先使用剪刀沿著虛線剪下，將其分成 4 張小卡片：

X2

X1

X1

　　接下來就會使用 Personal Image Classifier 將卡片分為 3 類：F (前進)、L (左轉) 和 R (右轉)，並訓練出相對應的模型。

⟩ 實驗步驟

https://www.flag.com.tw/
Video/FM627A/20

⟩ 程式設計

無

8-3　自製影像分類器

開啟模板

模型建立好後，就可以使用 App Inventor 建立影像分類器。App Inventor 除了本身的功能，還可以增加擴充套件，**Personal Image Classifier 套件**就是其中之一。下面來開啟**帶有 Personal Image Classifier 套件**的模板：

https://www.flag.com.tw/
Video/FM627A/21

上傳模型

Personal Image Classifier 套件在辨識物體前，需要先加入 **8-2 節**訓練好的模型，加入方式如下：

https://www.flag.com.tw/
Video/FM627A/22

Lab13

▶ 影像辨識

實驗目的

將 LAB12 訓練好的模型代入 App Inventor 中，得到可以將箭頭分類的 App。

設計原理

■ 辨識影像

執行 App 要先等待分類器初始化，因此會使用以下積木確認分類器已經初始化完畢：

> 當 PersonalImageClassifier1 ▼ .ClassifierReady
> 執行

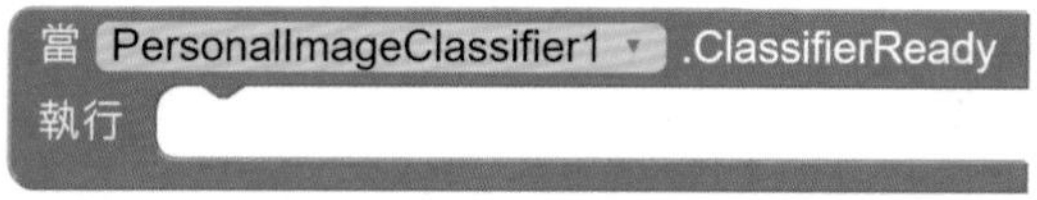

等待分類器準備完畢後，就可以取得分類器中的標籤：

> 呼叫 PersonalImageClassifier1 ▼ .GetModelLabels

並且使用下面的積木確定已成功取得標籤：

> 當 PersonalImageClassifier1 ▼ .LabelsReady
> 返回結果
> 執行

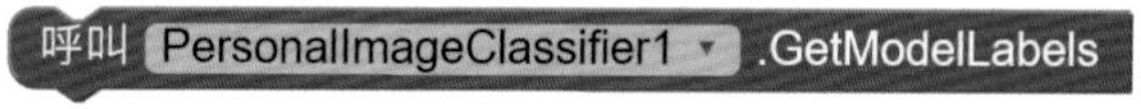

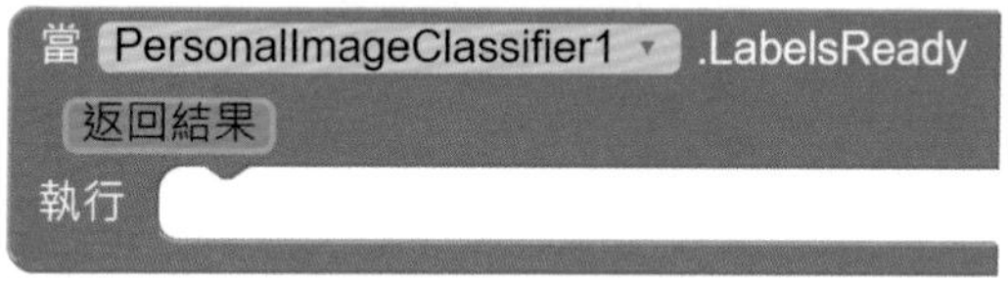

既然已經成功取得標籤，那就可以準備來辨識。辨識所需的積木如下：

呼叫 PersonalImageClassifier1 ▾ .ClassifyVideoData

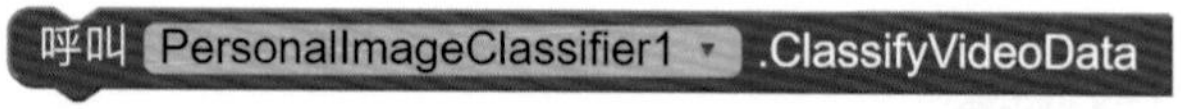

辨識完後，需要使用 **GotClassification** 積木來取得結果：

當 PersonalImageClassifier1 ▾ .GotClassification
返回結果
執行

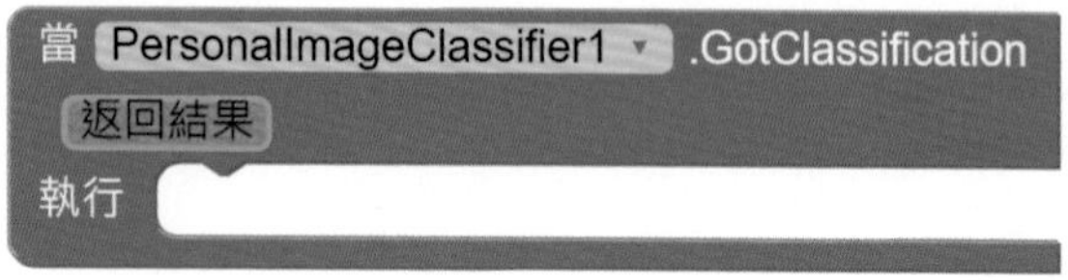

GotClassification 返回的結果會是一個**清單**，當中的內容會根據機率最大值往下排，例如：

```
((L 0.85512)(R 0.12351)(F 0.02137))
```

標籤 L (左轉) 為這次辨識的機率最大值 (0.85512), 排在第 1 個；接下來則是 R (右轉)；最後是 F (直走)。因此需要得到機率最大的標籤時，只要從清單中選取第 1 個索引，就可以得到 (L 0.85512), 而這也是一個清單，所以再選取當中的第 1 個索引就會是『 L 』：

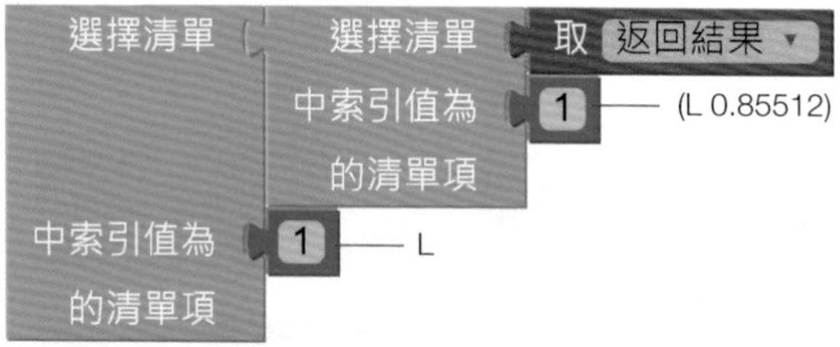

⚠ 選擇 (L 0.85512) 清單的第 2 個索引，就會得到機率值 0.85512。

■ 切換鏡頭

Personal Image Classifier 套件有提供積木來切換鏡頭：

呼叫 PersonalImageClassifier1 ▾ .ToggleCameraFacingMode

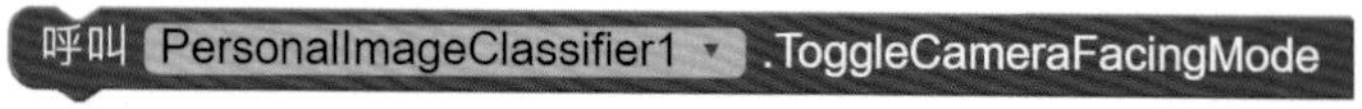

■ 錯誤處理

當 Personal Image Classifier 遇到錯誤時，可以使用 **Error** 積木來抓取錯誤訊息：

當 PersonalImageClassifier1 ▾ .Error
errorCode
執行

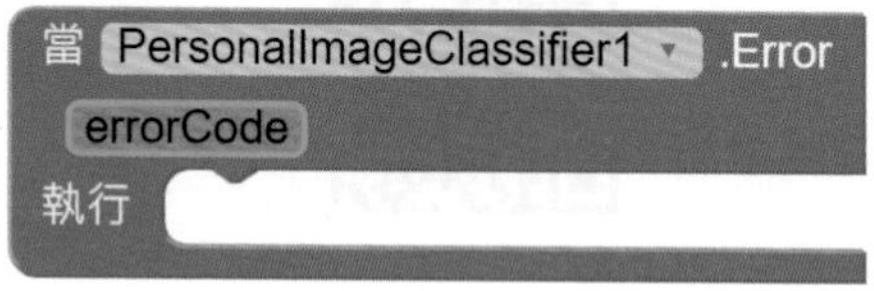

◆ 程式設計 ◆

■ App Inventor

https://www.flag.com.tw/
Video/FM627A/23

■ D1 mini

無

◆ 測試程式 ◆

https://www.flag.com.tw/
Video/FM627A/24

Lab14

◎ 影像辨識車

實驗目的

將辨識結果傳送至 D1 mini, 並控制行車方向。

設計原理

影像辨識完可以得到機率最大的**標籤**和**機率值**, 而機率最大值不一定會是正確答案, 像是 **((L 0.33334)(R 0.33333)(F 0.33333))**, 雖然最大值是 L, 但 0.33334 的機率值也不高, 因此需要增加一個條件, **當機率值大於 0.9 時, 才會將『控制指令』和『標籤』合併, 傳送給 D1 mini:**

```
http://IP 位址/Race?output=標籤
```

程式設計

測試程式

■ App Inventor

https://www.flag.com.tw/
Video/FM627A/25

https://www.flag.com.tw/
Video/FM627A/26

■ D1 mini

```
01: import network
02: import ESP8266WebServer
03: import wemotor
04: from machine import I2C, Pin
05: import time
06:
07: motor = wemotor.Motor()
```

```
08:
09: def handleCmd(socket, args):
10:
11:     if 'output' in args:
12:         if args['output'] == 'L':
13:             motor.move(0, 40)     # 左轉
14:             time.sleep(1.5)
15:             motor.move(0, 0)
16:
17:         elif args['output'] == 'R':
18:             motor.move(40, 0)     # 右轉
19:             time.sleep(1.5)
20:             motor.move(0, 0)
21:
22:         elif args['output'] == 'F':
23:             motor.move(40, 40)    # 直走
24:             time.sleep(1.5)
25:             motor.move(0, 0)
26:
27:             ESP8266WebServer.ok(socket, "200", "OK")
28:     else:
29:         ESP8266WebServer.err(socket, "400", "ERR")
30:
31: LED = Pin(2, Pin.OUT, value=1)
32:
33: sta = network.WLAN(network.STA_IF)
34: sta.active(True)
35: sta.connect('無線網路名稱', '無線網路密碼')
36: while(not sta.isconnected()):
37:     pass
38:
39: LED.value(0)
40:
41: ESP8266WebServer.begin(80)
42: ESP8266WebServer.onPath("/Race", handleCmd)
43: print("伺服器位址:" + sta.ifconfig()[0])
44:
45: ap = network.WLAN(network.AP_IF)
46: ap.active(True)
47: ap.config(essid='LAB14-'+str(sta.ifconfig()[0]))
48:
49: while True:
50:     ESP8266WebServer.handleClient()
51:     motor.avoidTimeout()
```

9 Vision – AI 自駕車

>>>>

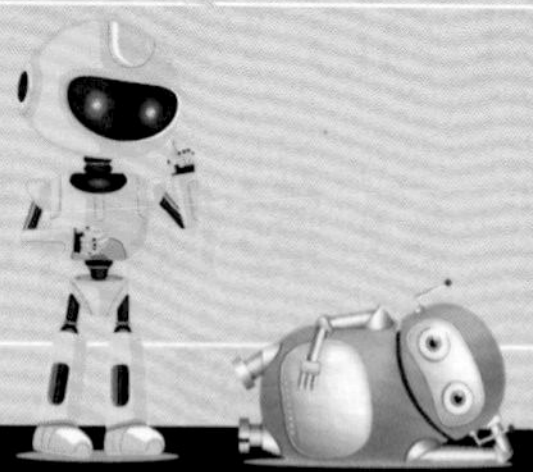

前一章我們學會使用影像辨識的結果發出指令來控制車子。而這一章,會讓車子不停直走,等遇到箭頭時更改方向;還有使用道路圖,讓車子行駛於道路中間。

9-1 持續辨識影像

在第 7 章中,因為 App Inventor 的語音辨識無法持續監聽,所以會對使用上造成不便。而目前影像辨識也遇到相同的問題,如果每次辨識前都需要按按鈕來觸發,不只操作不便,更沒有人會認為這是一台自駕車,因此會在辨識完成後,再次使用**辨識積木**,來讓程式可以持續辨識:

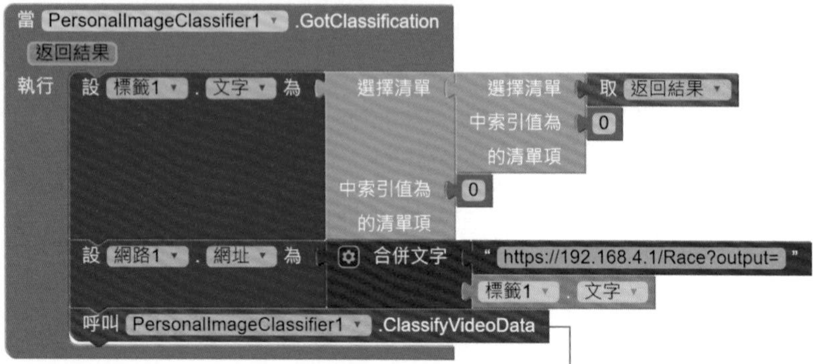

```
當 PersonalImageClassifier1 .GotClassification
  返回結果
執行  設 標籤1 . 文字 為   選擇清單   選擇清單   取 返回結果
                         中索引值為      0
                         的清單項
                         中索引值為      0
                         的清單項
     設 網路1 . 網址 為   ⚙ 合併文字   " https://192.168.4.1/Race?output= "
                                    標籤1 . 文字
     呼叫 PersonalImageClassifier1 .ClassifyVideoData
```
辨識完成後再次辨識

Lab 15

▶ Vision – 箭頭辨識

〔實驗目的〕

不斷辨識影像,當連續辨識到 3 次同方向的箭頭時,更改行進方向。

〔設計原理〕

■ 基本動作

在 LAB14 中車子會在原地等待,直到按下**辨識按鈕**後把最高機率的標籤當作辨識結果。而在此實驗中,車子會**等速直走**,並在行進的過程中不斷辨識,等遇到箭頭再更換行進方向。

■ 標籤種類

此實驗中標籤共會分為 4 類:
『左轉』、『右轉』、『後退』和『沒有』。

左轉對應的圖片是：　　**右轉**對應的圖片是：　　**後退**對應的圖片是：

前面 3 種標籤都很好理解，那第 4 種『沒有』是指什麼呢？『沒有』就是指**沒有箭頭**，所以要拍沒有箭頭的畫面，例如：地面。

■ 決定行走方向

在 LAB14 中我們的辨識機率要大於 0.9 才算是正確結果，而在此實驗中，我們想要更加嚴格決定正確結果，所以會判斷**連續 3 次**的辨識結果都是同方向，並且每次的辨識機率都要大於等於 0.7 時才會決定行走方向：

辨識結果與前一次相同

辨識機率大於等於 0.7

如果條件達成，次數加 1

如果沒達成，次數重製

如果次數大於 3, 決定行走方向

■ 時間間隔

D1 mini 在得到辨識結果後，會執行對應的動作持續 1 秒 (例：右轉 1 秒)，並在之後停止 0.8 秒再繼續直走。

而在執行動作的 1 秒內，為了避免重複辨識到同一張箭頭，會留 3 秒的間隔，等 3 秒後才會繼續辨識：

目前時間與前一次間隔要大於 3 秒

紀錄決定行走方向後的時間

程式設計　　**訓練模型**　　**測試程式**

■ App Inventor

https://www.flag.com.tw/
Video/FM627A/27

https://www.flag.com.tw/
Video/FM627A/28

https://www.flag.com.tw/
Video/FM627A/29

■ D1 mini

```
01: import network
02: import ESP8266WebServer
03: import wemotor
04: from machine import I2C, Pin
05: import time
06:
```

```python
07: result = ''        # 網頁接收到的值
08: move = False        # 車子是否開始動
09:
10: turn_time = 0        # 開始轉彎的時間
11:
12: motor = wemotor.Motor()
13:
14: # 處理 /Race 指令的函式
15: def handleCmd(socket, args):
16:     global result, turn_time
17:
18:     # 檢查是否有 output 參數
19:     if 'output' in args:
20:         result = args['output']
21:         turn_time = time.ticks_ms()
22:         ESP8266WebServer.ok(socket, "200", "OK")
23:     else:
24:         ESP8266WebServer.err(socket, "400", "ERR")
25:
26: LED=Pin(2, Pin.OUT, value=1)
27:
28: sta = network.WLAN(network.STA_IF)
29: sta.active(True)
30: sta.connect('無線網路名稱', '無線網路密碼')
31: while(not sta.isconnected()):
32:     pass
33:
34: LED.value(0)
35:
36: ESP8266WebServer.begin(80)
37: ESP8266WebServer.onPath("/Race", handleCmd)
38: print("伺服器位址 :" + sta.ifconfig()[0])
39:
40: ap = network.WLAN(network.AP_IF)
41: ap.active(True)
42: ap.config(essid='LAB15-'+str(sta.ifconfig()[0]))
43:
44: while True:
45:     ESP8266WebServer.handleClient()
46:     motor.avoidTimeout()
47:     # 如果接收到 A 且車子還沒開始動
48:     if(result == 'A' and move == False):
49:         move = True    # 開始移動
50:
51:     if(move == True):
52:         motor.constantSpeed('forward', 0.02, 0.02)
53:
54:         # 如果接收到 L
55:         if result == 'L':
56:             # 如果還沒轉 1 秒
57:             while (time.ticks_ms() - turn_time) <= 1000:
58:                 # 定速左轉
59:                 motor.constantSpeed('left', 0.02, 0.02)
60:
61:             motor.move(0, 0)
62:             time.sleep(0.8)
63:         # 如果接收到 R
64:         elif result == 'R':
65:             # 如果還沒轉 1 秒
66:             while (time.ticks_ms() - turn_time) <= 1000:
67:                 # 定速右轉
68:                 motor.constantSpeed('right', 0.02, 0.02)
69:
70:             motor.move(0, 0)
71:             time.sleep(0.8)
72:         # 如果接收到 B
73:         elif result == 'B':
74:             motor.move(0, 0)        # 避免前傾
75:             time.sleep(0.8)
76:             turn_time = time.ticks_ms()
77:             # 如果還沒轉 1 秒
78:             while (time.ticks_ms() - turn_time) <= 1000:
79:                 # 定速後退
80:                 motor.constantSpeed('backward', 0.02, 0.02)
81:
82:             motor.move(0, 0)
83:             time.sleep(0.8)
84:         # 如果接收到 S
85:         elif result == 'S':
86:             motor.constantSpeed('stop', 0, 0)
87:             move = False
88:         result = ''
```

Lab 16

❯ Vision – 車道辨識

⬡ 實驗目的

利用影像辨識確認道路位置，並根據道路位置決定轉向。

⬡ 設計原理

■ 佈置場地

套件中附贈 2 張『道路圖』，將 2 張圖合併後使用**黑色絕緣膠帶**黏合：

💬 完成圖

⚠ 如果覺得套件中附贈的**黑色絕緣膠帶**不夠穩固，可以使用**透明膠帶**加強。

■ 標籤種類

在車道辨識中，我們將圖片分為 5 類：**直走、左移、右移、大左轉**和**大右轉**。

● **直走**。在拍攝樣本時，將車放置於道路**正中間**：

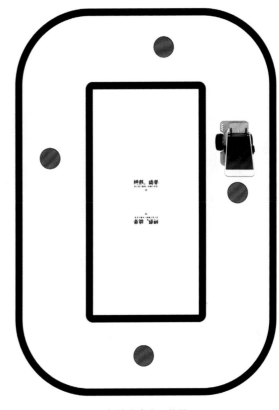

紅點代表車子位置

● **左移**。在拍攝樣本時，將車放置於道路**右側**(假設車子以『逆時針』尋軌)：

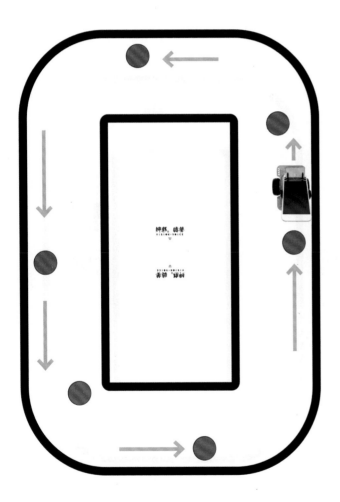

● **右移**。在拍攝樣本時，將車放置於道路**左側**(假設車子以『逆時針』尋軌)：

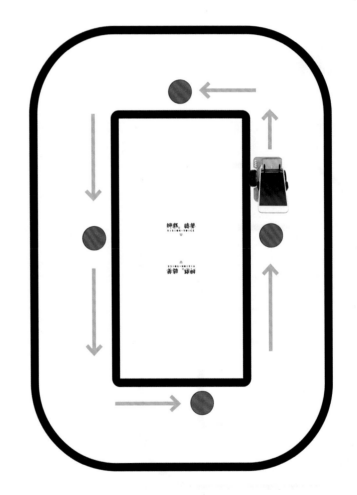

● **大左轉**。在拍攝樣本時，將車放置於**左轉的直角彎上**（假設車子以『逆時針』尋軌）：

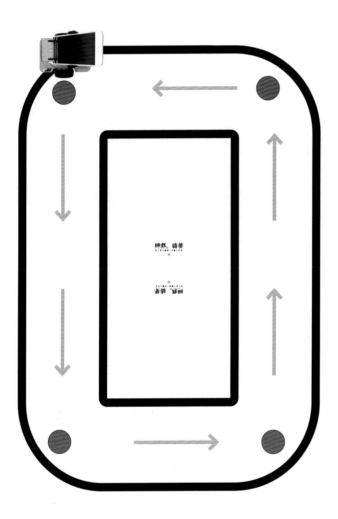

● **大右轉**。在拍攝樣本時，將車放置於**右轉的直角彎上**（假設車子以『順時針』尋軌）：

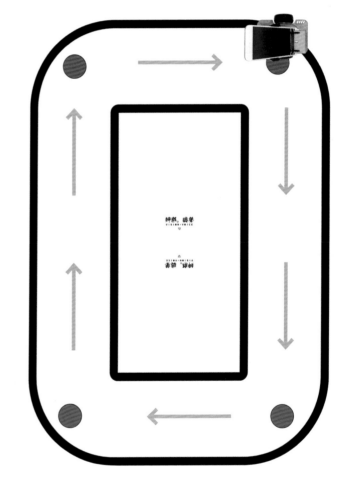

■ 標籤對應的 D1 mini 程式

『直走』代表兩輪速度相同：

```
motor.move(25,25)  # 直走
```

『左移』會邊保持前進，邊增加右輪的轉速：

```
motor.move(15,25)  # 左移
```

『右移』會邊保持前進，邊增加左輪的轉速：

```
motor.move(25,15)  # 右移
```

『大左轉』會停止左輪，只增加右輪的轉速來原地左轉：

```
motor.move(0,25)  # 大左轉
```

『大右轉』會停止右輪，只增加左輪的轉速來原地右轉：

```
motor.move(25,0)  # 大右轉
```

■ 避免重複傳送指令

與 LAB15 一樣，會在辨識完成後再次使用**辨識積木**讓 App 不斷查看影像來得到對應的標籤。但如果每辨識一次就傳送一次指令，可能會發生 D1 mini 還沒處理完前一個指令就又收到新指令，使 D1 mini 無法正確回應資料給 App。

為了避免此問題，我們會在**連續辨識相同的標籤時不再傳送指令**。因為 D1 mini 程式在接收到指令 (例：右移) 後，如果沒有新的方向指令 (例：直走)，就會維持相同的轉向 (右移)。這樣就可以大大減少指令的傳送量，使 D1 mini 可以正確接收指令並回應資料給 App：

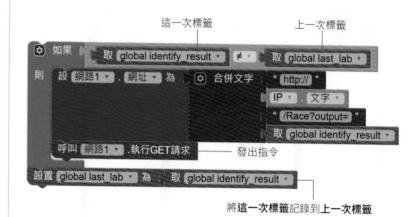

將**這一次標籤**記錄到**上一次標籤**

■ App Inventor

https://www.flag.com.tw/Video/FM627A/30

https://www.flag.com.tw/Video/FM627A/31

https://www.flag.com.tw/Video/FM627A/32

▪ D1 mini

```
01 import network
02 import ESP8266WebServer
03 import wemotor
04 from machine import I2C,Pin
05 import time
06
07 motor = wemotor.Motor()
08
09 def handleCmd(socket, args):
10
11     adj = 0              # 調整速度
12     lSpeed = 0           # 左輪速度
13     rSpeed = 0           # 右輪速度
14
15     if 'output' in args:
16         if args['output'] == 'L':    # 若 output 為 'L'
17             lSpeed = 15
18             rSpeed = 25
19         elif args['output'] == 'R': # 若 output 為 'R'
20             lSpeed = 25
21             rSpeed = 15
22         elif args['output'] == 'BL':
23             lSpeed = 0
24             rSpeed = 25
25         elif args['output'] == 'BR':
26             lSpeed = 25
27             rSpeed = 0
28         elif args['output'] == 'F':
29             lSpeed = 25
30             rSpeed = 25
31         elif args['output'] == 'S':
32             lSpeed = 0
33             rSpeed = 0
34         if(args['output'] != 'S'):
35             lSpeed = lSpeed + adj
36             rSpeed = rSpeed + adj
37
38         if(lSpeed<0):
39             lSpeed = 0
40         if(rSpeed<0):
41             rSpeed = 0
42         if(lSpeed>100):
43             lSpeed = 100
44         if(rSpeed>100):
45             rSpeed = 100
46
47         motor.move(lSpeed,rSpeed)
48
49         ESP8266WebServer.ok(socket, "200", "OK")
50     else:
51         ESP8266WebServer.err(socket, "400", "ERR")
52
53 LED = Pin(2,Pin.OUT,value=1)
54
55 sta = network.WLAN(network.STA_IF)
56 sta.active(True)
57 sta.connect('無線網路名稱','無線網路密碼')
58 while(not sta.isconnected()):
59     pass
60
61 LED.value(0)
62
63 ESP8266WebServer.begin(80)
64 ESP8266WebServer.onPath("/Race",handleCmd)
65 print("伺服器位址：" + sta.ifconfig()[0])
66
67 ap = network.WLAN(network.AP_IF)
68 ap.active(True)
69 ap.config(essid='LAB16-'+str(sta.ifconfig()[0]))
70
71 while True:
72     ESP8266WebServer.handleClient()
73     motor.avoidTimeout()
```

● 第 35-36 行：電池的電量會影響車子移動速度，就算程式中給予相同數值，滿電與快沒電的速度也會有所差異。所以當目前數值無法驅動車子時，可以使用變數 adj 共同調高左輪和右輪速度。

記得到旗標創客・
自造者工作坊
粉絲專頁按『讚』

1. 建議您到「旗標創客・自造者工作坊」粉絲專頁按讚，
   有關旗標創客最新商品訊息、展示影片、旗標創客展
   覽活動或課程等相關資訊，都會在該粉絲專頁刊登一手
   消息。

2. 對於產品本身硬體組裝、實驗手冊內容、實驗程序、或
   是範例檔案下載等相關內容有不清楚的地方，都可以到
   粉絲專頁留下訊息，會有專業工程師為您服務。

3. 如果您沒有使用臉書，也可以到旗標網站 (www.flag.com.
   tw)，點選首頁的 讀者服務 後，再點選 讀者留言版 ，依
   照留言板上的表單留下聯絡資料，並註明書名、書號、頁
   次及問題內容等資料，即會轉由專業工程師處理。

4. 有關旗標創客產品或是其他出版品，也歡迎到旗標購物
   網 (www.flag.com.tw/shop) 直接選購，不用出門也能長
   知識喔！

5. 大量訂購請洽

   學生團體   訂購專線：(02)2396-3257 轉 362
              傳真專線：(02)2321-2545

   經銷商   服務專線：(02)2396-3257 轉 331
              將派專人拜訪
              傳真專線：(02)2321-2545

國家圖書館出版品預行編目資料

Vision × Voice 影像辨識聲控 - 雙 V AI 自駕車 /
施威銘研究室 作
臺北市：旗標，2020．12　面；　公分

ISBN　978-986-312-648-5 (平裝)

1. 電腦程式設計　2. 人工智慧　3. 汽車

312.2   109014589

作　　者／施威銘研究室

發 行 所／旗標科技股份有限公司

　　　　　台北市杭州南路一段15-1號19樓

電　　話／(02)2396-3257(代表號)

傳　　真／(02)2321-2545

劃撥帳號／1332727-9

帳　　戶／旗標科技股份有限公司

監　　督／黃昕暐

執行企劃／翁健豪・施雨亨

執行編輯／翁健豪・施雨亨

美術編輯／陳慧如

封面設計／陳慧如

校　　對／翁健豪・施雨亨

行政院新聞局核准登記-局版台業字第 4512 號

ISBN　978-986-312-648-5

版權所有・翻印必究